道德情操论

【英】亚当·斯密 著
高格 译

“现代经济学之父”亚当·斯密的传世名作

Adam Smith

The Theory of Moral Sentiments

中华工商联合出版社

图书在版编目（CIP）数据

道德情操论 /（英）亚当·斯密著；高格译 . -- 北京：中华工商联合出版社，2017.1（2021.6 重印）

ISBN 978-7-5158-1877-1

Ⅰ . ①道…　Ⅱ . ①亚… ②高…　Ⅲ . ①伦理学—思想史—英国　Ⅳ . ① B82-095.61

中国版本图书馆 CIP 数据核字（2016）第 311970 号

道德情操论

作　　者：【英】亚当·斯密
译　　者：高　格
责任编辑：郑承运　袁一鸣
装帧设计：北京东方视点数据技术有限公司
责任审读：李　征
责任印制：迈致红
出版发行：中华工商联合出版社有限责任公司
印　　刷：唐山富达印务有限公司
版　　次：2017 年 7 月第 1 版
印　　次：2021 年 6 月第 2 次印刷
开　　本：710mm × 1020mm　1/16
字　　数：240 千字
印　　张：16
书　　号：ISBN 978-7-5158-1877-1
定　　价：78.00 元

服务热线： 010-58301130
销售热线： 010-58302813
地址邮编： 北京市西城区西环广场 A 座
19-20 层，100044
http: //www.chgslcbs.cn
E-mail: cicap1202@sina.com（营销中心）
E-mail: gslzbs@sina.com（总编室）

前　言

《道德情操论》是亚当·斯密的一部伦理学著作，它与斯密的另一部经济学著作《国富论》一道，对西方现代文明的发展进程产生了极其深远的影响，被并称为“两只看不见的手”:《国富论》讲的是市场这只手，它影响着经济；《道德情操论》讲的是伦理这只手，它影响着人心。相比《国富论》,《道德情操论》给西方世界带来的影响更为深远，它是一部划时代的巨著，是古典经济学的哲学基础，是市场经济良性运行不可或缺的“圣经”，对促进人类福利这一更大的社会目的起到了更为基本的作用。如果说《国富论》作为经济学的奠基之作为斯密赢得了“经济学之父”的盛名，那么《道德情操论》则作为“十分罕见的，至今唯一一部全面、系统分析人类情感的伦理学巨著”，而为斯密赢得了“西方的孔子”的美誉。

《道德情操论》全书共分七卷，主要阐释道德情感的本质和道德评价的性质。斯密用同情的基本原理来阐释正义、仁慈、克己等一切道德情操产生的根源，说明道德评价的性质、原则以及各种美德的特征，并对各种道德哲学进行了介绍和评价，进而揭示出人类社会赖以维系、和谐发展的基础，以及人的行为应遵循的一般道德准则。书中列举了支配人类行为的各种动机，包括自爱、同情心、追求自由的欲望、正义感、劳动习惯和交换倾向等，认为一个人的同情心与思维构造是形成其独特的道德情操、道德判断及美德的基础；阐述了人本性中所有的同情的情感是形成其道德取向的基础，是人类正义感和其他一切道德情感的形成根源，由此说明道德评价的性质，以此为基础表明各种基本美德的特征，并向世人强调：道德和正义对于社会乃至市场经济的运行是非常重要的。

《道德情操论》建立了西方市场经济制度的伦理道德基础，揭示了市场经济社会的基本行为规范，说明了商业产生自由和文明的基本原理。斯密的伦理思想在西方的影响已是家喻户晓，妇孺皆知。经过两百多年的发展，斯密的学说成为自由市场经济国家的主流道德标准，已经渗透到每个西方发达国家国民的骨子里面，他们已形成了这样一个共识：只要遵循《道德情操论》中的伦理标准，按市场经济的游戏规则来追求自己的根本利益和幸福，富裕和道德就可以同时实现。倘若放弃亚当·斯密的《道德情操论》，就不可能理解市场经济社会的形成和西方近代文明的进程。

《道德情操论》对我国处于转型期的市场经济的良性运行，对处于这场变革中的每个人更深层次地了解人性和人的情感，最终促进社会的和谐发展，无疑具有十分重要的意义。

改革开放以来，市场经济的快速发展促进了我国经济和社会的繁荣，同时也带来了较为严重的社会和道德危机。某些行业、某些企业、某些个人道德行为的丧失和情操的低下在商业利润的驱动下暴露无遗，见利忘义、损害消费者利益的现象层出不穷。在急剧变革的市场经济大潮中，每一个普通人都面临着贫富差距拉大、企业改革、股市非理性繁荣等各种各样的问题，人们身处其中又常常感到被自私、虚荣、妒忌、仇恨、贪婪和背信弃义等不道德的情感所包围，因而更加向往感恩、大度、慷慨、正直、勤俭、自我克制等人性的美德。而这些种种不道德和道德的人类情感正是250年前亚当·斯密在《道德情操论》中不厌其烦反复论述的焦点。

《道德情操论》给我们每一个中国读者的深刻启示是：我们在发展市场经济追求利益最大化的同时，千万不能丧失诚信、同情心这些最基本的道德观念，否则，市场经济就会引发灾难。因为斯密设想和倡导的市场经济是一个有道德的市场经济，没有同情、仁慈、公正、责任心等最基本的道德观念，市场经济就无法正常运行。用斯密的话来就是：“富之路”与“德之路”必须统一。

目录

卷一　行为的合宜性

卷二　优点和缺点，或奖赏与惩罚的对象

卷三　自我评价的基础，兼论责任感

卷四　效用性对赞同感的作用

卷五　道德赞许评价标准中风尚和习惯的作用

卷六　与美德有关的品质

卷七　道德的学说

告读者

自《道德情操论》于 1759 年出版以来，我曾多次想到就其中几处进行修正，并附加一些能够说明书中所论的问题的例子。但是，人生的无端变幻将我的精力一次次引向其他俗事当中，直至现在依旧妨碍着我倾注全力投身于对这部著作的修正当中。读者将会发现我在这次全新的修正中所凸显的重要变化，亦即第一卷的最末部分以及第三卷的前面部分。本次修正中新增添了第六卷，并将大部分与斯多亚学说有关的段落归拢在第七卷当中。读者可能注意到，在以往的版本中，这些段落散见于本书的不同篇章之中。此外，对这门学说详加论述的问题我做了更为详细的说明。

在拙著第一版的末段我曾这样说："我将在另一论述中详尽地阐释与正当性有关的国家收入、国防军备及其他涉及此内容的各类问题，努力说明法律与国家之间的基本关系，及在不同时代与不同社会时期所经历的各种剧烈或微妙的变化。"在《国富论》中，我已尽可能地在国家收入、国防军备等方面履行了这一承诺。

有关法律与国家之间的基本关系的论述，虽然我规划许久，但直至现在仍旧受困于那些影响我精力的俗事当中而无法尽心完成。虽然我承认以我此时所处的年纪很难将这一愿望顺利达成，但我仍旧保持这一信念而没有将原有的规划一弃了之。我希望继续履行对这一规划所承担的义务，所以，我必将让 30 年前所做的关于无任何疑虑完成其中每一项事情的谈话，予以一字不差地保留。

卷一

行为的合宜性

第一章 论合宜感

·第一节· 人性中的同情

人性中总有些根深蒂固的东西。无论在我们看来某人如何自私，他总是会对别人的命运感兴趣，会去关心别人的幸福，尽管他除了因看到别人幸福而感到高兴外一无所得。这种本性就是怜悯和同情，即当我们看到、感受到他人的不幸遭遇时所产生的感情。这种人性中固有的感情绝不是良善君子的专属，尽管他们可能对此更为敏感。即使是一个罪大恶极、无视一切社会规范的无赖也会心怀一定程度的同情。

如果想要知晓他人的境遇，我们只能设身处地地想象。原因很简单，只要你不是真正地处在当时的环境中，即便你的兄弟在忍受酷刑折磨，你也感受不到他的痛苦，因为你永远无法直接感受到他人感官的感受。只有依靠想象，你才能略知一二。想象的作用只能是对他人感受的模拟，并不是他人真正的感受。依靠想象，我们会以为也正在经受那种痛苦，体内与之产生共鸣，随之以为自身已经全然感受到了他人的那种痛苦，与之合二为一，于是内心为那种感受泛起无数的伤痛。所以当想起别人的感受时，我们会觉得内心痛苦。

我们之所以能产生与他人相似的情感，是因为我们能够设身处地地想象他人的痛苦。

下面的例子更加可以说明这个问题：当人们看到一个人的手脚要挨打时，会情不自禁地缩回自己的手脚；如果那个人真的挨打了，就会觉得是打在自己身上一样。当观众聚精会神地看一个舞蹈者在松弛的绳索上翻腾、摇摆，努力保持身体平衡时，他们也会做出类似的动作，因为他们觉得自己身处其中，不能自已。那些弱不禁风、神经过敏的人常常会在看到街上乞丐的溃烂脓疮时，觉得自己的相同部位也非常不舒服，这是因为那些人想象自己的那些部位也溃烂发脓，觉得非常恐惧，于是那些部位就变得非常不舒服。这就是意念的力量。同样的问题也会出现在眼睛上，即使一个人再刚强，也常常会觉得眼睛疼，因为眼睛是最脆弱的部位。

只要一个人觉得自己身处当事者的环境中，痛苦也好，高兴也好，他的内心都会产生相同的情感。我们会为舞台上自己所喜爱的传奇人物的幸福感到欣慰，这与为他们的不幸产生真切的同情是一样的；我们还会对那些对自己忠心耿耿的朋友怀有感激之情，这与对那些对自己背信弃义的人怀有愤恨之情也是一样的。因为旁观者可以设身处地地想象，然后获得与当事人一样的情感。

我们常常用慈悲或怜悯这样的词对别人的忧伤表示同感。同情和它们意思很相近，但是现在可以用来表示对各种情绪的同感。

有时候我们很快就会对别人产生同情，只要我们看到别人的情绪波动。即便我们不了解那个人情绪波动的真正原因，我们也会很快被那种激情所感染。就像一个人如果在举手投足之间流露出明显的悲喜之情，那么他将立即在旁人心中激起共鸣。通常人们喜欢笑脸，不喜欢忧戚的面容，因为忧戚的面容会让人觉得沮丧，但是我们并不能因此以偏概全。有时候，对于一些情绪如果我们不知道它们是怎么产生的，我们往往会报以讨厌的态度而不是同情。对于愤怒者的胡作非为，由于我们不知道其发怒的原因，所以我们也就不会设身处地地考虑，因此也体会不到他的怒气。而我们知道那些“受气包”的处境，同情他们的恐惧和不满，那么我们通常支持“受气包”而反对气势逼人的发怒者。

只有当我们觉得别人快乐或悲伤的表情代表那些人正遇到好运或厄运时，我们才会产生同感，为之动容，但这也仅限于那些感受到的人。而怨愤则会让我们联想起所有我们关心的人以及和他作对的人。我们之所以关心遇到好运或厄运的人，是因为对于好运或厄运的日常印象。我们似乎天生有种对愤怒的反感，所以我们不会去同情那些发怒的人。如果不知道发怒的原因，我们大概都会对发怒反感。

如果不了解别人悲伤或快乐的缘由，我们的同情心是非常有限的。痛哭流涕是受难者内心痛苦的表现，而我们只会对此产生刨根问底的好奇心，或至多表现出某种同情，但这不是真正意义上的同情。我们首先会问：发生了什么事？在得到答案之前，我们会隐约感觉到他的不安，但更多的则是费尽心思去揣测他真正的遭遇，继而会觉得心有不安。尽管如此，我们的同情仍然是微不足道的。

因此，更准确地说，同情应该是来自引起这种激情的环境。当我们设身处地地想象他人的处境时，会不由自主地产生一种情感，而当事人感觉不到。我们会为别人厚颜无耻的行为感到羞愧，虽然他自己并没有意识到自己的不对之处。而如果我们自己有这种行为，会情不自禁地感到无地自容。

善良的人比一般人更为同情丧失理智的人，因为他们觉得这比其他威胁人类生存的灾难要可怕得多，这是人类最惨的悲剧。但是丧失理智的人对此却浑然不知，也许还会又笑又唱。因此，人们对此的痛心疾首与受难者自己的感情是两码事。旁观者觉得如果自己遭此不幸境遇，但又能用正常的理智和判断力去思考，是一件非常痛苦的事，所以他对丧失理智的人产生同情，但是他所设想的情景是不可能发生的。

婴儿患病只能呻吟而无法说出感受，于是母亲也同样痛苦。这是因为她把孩子无法说出真正感受的无助和孩子的病情联系起来，从而导致她忧心忡忡，愁肠百结。婴儿不会想太多，她只是暂时的不舒服，不久也会康复，而成人却被心灵的巨大痛苦所困扰。

我们会同情死者，只是因为我们的感官被那种环境所影响，但是并不妨碍死者的安眠。我们能想象到的只是他们的悲惨，暗无天日地躺在墓穴里腐生寄生虫，从此与世隔绝，从世界上消失，亲朋好友也不再记得他们。对于这些人遭遇的不幸，我们理所当然地认为应该对他们报以最大的同情。一想到他们可能被人遗忘，我们的恻隐之心就加倍地沉重。虚荣心和烦恼使得我们努力地保持对死者的回忆，可是我们的同情并不能安慰死者，到头来也是无济于事。我们竭力安慰死者的亲属，减轻他们内心的眷恋、愧疚和伤痛，而这只会平添自己的伤痛，却与死者毫不相关，因为他们已长眠于地下，不问世事。我们把自己的感觉与他们所处的环境联系在一起，所以会觉得他们永远处于阴森恐怖之中。我们设身处地地想象把自己鲜活的生命注入死者僵硬的尸体，于是产生恐怖之心，开始畏惧死亡。尽管我们死后再没有任何痛苦，但是生前却因此备受折磨。人性中最根本的一项原则是对死亡的恐惧。它破坏了人类的幸福，却还人类以公平；它让我们痛苦不堪，却保卫了社会。

·第二节·
相互同情的愉悦

我们总会对别人发自内心的同情感到无比欣慰，无论这种同情从何而生，相反，我们会对别人无动于衷的表情感到莫名的失望。有些自恋的人自以为知晓喜怒哀乐的来由，于是热衷于用他们的原则去揣摩别人的情感。据说，当人感到软弱无助时，只有当他确信别人的同感可以帮助他的时候，他才会高兴，而别人的敌意会使他感到忧伤。但是喜怒之情往往如闪电般一闪而过，来得莫名其妙，显然它不是来自任何私心。一个人用尽浑身解数去逗乐他的朋友，如果没有人认同他的笑话，他会觉得非常沮丧；反之，如果大家一起大笑认同他的笑话，他就会觉得受到了最大的奖赏。

他人的同情可以为快乐锦上添花，无人回应会让我们觉得失望，但这些并不是全部的原因。我们会觉得反复读一本书或一首诗很无味，但是当我们再次为朋友朗读时，我们会变得劲头十足。这是因为如果朋友觉得新鲜，我们就能够从朋友的角度去体味其中的意蕴，产生一种如获知己的兴奋。反之，如果朋友对此毫无兴趣，我们就会非常生气，再也没有心情朗读下去。这再一次证明，朋友的欢笑是我们快乐最大的源泉，而朋友的冷漠是我们失望的最大深渊。虽然这可以解释为何我们时而高兴、时而伤心，但并不是唯一原因。当我们高兴的时候，朋友的同感会锦上添花；当我们伤心的时候，朋友的同感如果不是雪中送炭，就是火上浇油。然而通常情况下，同情总能另辟蹊径，增添快乐，又能温暖人心，减轻痛苦。

所以说，与高兴的时候不同，我们在不高兴的时候更希望找个人一吐为快，希望得到朋友的同情和安慰，而不是面对朋友的无动于衷。

可怜人最希望找到一个吐苦水的对象，这可以使他们觉得非常宽慰。因为那个人的同情可以卸下他们心头的重荷，分担他们内心的痛苦，从而减轻了他们的心灵重负。可是在倾诉的同时，那些可怜人又会想起过去的伤心事，于是痛哭流涕，沉浸在悲痛之中，但是他们也从别人的同情中获得了更大的补偿；反之，可怜人觉得最无礼的侮辱就是轻视他们的不幸。不愿与朋友一起分享快乐只是缺乏礼貌，而不能认真地倾听朋友的苦恼则是不近人情的表现。

爱使人愉悦，恨使人不快。因此我们希望拥有朋友的友谊，但更渴望他们理解自己的愤慨。身处顺境时，我们可以原谅朋友过少的关心。但是当我们受到伤害时，却接受不了他们的无动于衷。就像朋友不领会我们的感激我们可以原谅，但是不同情我们的怨恨会使得我们怒火中烧一样。我们很少对和我们的朋友关系不错的人给予友谊，却很容易对跟我们的对头接近的人产生敌意。即便我们对前者不满，也很少跟朋友争论这个问题。但是如果他们跟我们的对头友好相处，我们对后者却会想要大动干戈。爱和快乐总会令我们内心惬意、满足而别无他求；悲痛和愤懑却总会令我们因得不到同情宽慰而耿耿于怀。

如果一个人因为得到我们的同情而欣慰，得不到同情而受到伤害，那我们会为奉献自己的爱心而感到高兴，为做不到而感到自责。我们会祝贺成功人士，也会安慰苦难的人们。和一个肝胆相照的人谈话时所得到的快乐，远远可以抵消我们为他的遭遇所感到的痛苦。反之，如果我们对他不能产生同情，即使可以免除内心的痛苦，我们也会为无力分担他的不幸而难过。有时候我们看到一个人因为不幸而失声痛哭，可是在我们设身处地地想象之后觉得事情不至于如此，我们就会认为此人小题大做，胆小怕事。另一方面，我们会瞧不起那些捡了一点小便宜就洋洋得意的人，觉得他们头脑发热；我们还会因为朋友对自己认为并不好笑的笑话大笑不止而感到生气。

·第三节·

同情与行为的适宜性

当旁观者的同情与当事人的情绪一致时，他会认为这种情绪是得当的；反之，当他设身处地想象之后发现自己的感觉被欺骗，他就会认为这些感情过于夸张，不符合事实。因此，只有当他觉得别人的激情是实实在在、有根有据的时候，才会产生同情，反之则不然。一个人对我的受害感到气愤，并且跟我一样义愤填膺，那他就一定会认同我的观点；一个人跟我一样欣赏一首诗或一幅画，那他就一定会认同我的赞美词；一个人跟我听了同一个笑话后开怀大笑，那他就一定会觉得大笑很正常。相反，在这些场合与我感受完全不同的人，肯定会对我的观点有所指责，因为我们的感情并不是一致的。不管我的仇恨是否超过朋友的义愤，不管我的悲伤是否压过朋友发自内心最温情的体贴，不管我的评价怎样的不合他之意，不管我的笑声大小如何与他不同，总之，只要他在权衡了客观情况之后认为我和他的感受不一致，就会对我或多或少地心存不满。这时，衡量我的感情的唯一标准就是他自己的感情。

同意别人的意见就意味着要采纳，反之亦然。赞成同一个观点的人不可能互相反对。同样，赞成别人的意见而不采纳也是不可能的。众所周知，赞成别人的观点与否意味着你自己的看法是否与其一致。感情也可以这样来解释。

有时候理智上的赞同并不代表情感上的赞同，很多时候我们内心没有丝毫的同情。可是只要稍加思索，我们就能知道，哪怕是在这种情况下，我们理智上的信服最终还是来源于同情。在日常生活中，对于那些琐事的判断并不会被错误的理论所误导。比如，有时候我们会觉得一个笑话很不错，而且朋友的笑声也很正常，但是我们却没有笑，那是因为我们当时或许正好忧心忡忡或者心不在焉。可是这个笑话在常理上应该是属于会引起哄堂大笑的那一类，所以我们并不会反感朋友的笑声，因为要是放在平时，我们必然会和大家一起开怀大笑，只是当时的情绪不允许。

这样的情况所有的情绪都适用。当我们在街上与一个面容悲戚的陌生人擦肩而过，继而被告知他父亲去世的消息，此时我们不可能质疑他的悲伤。然而，虽然我们不是冷血动物，但我们还是体会不到他悲恸欲绝的心情。这种事时有发生，我们也就不会想到对类似处境下的人表示一点关心。或许我们与他们素不相识，或许我们杂务缠身，或许我们没有时间去体验他的心情，但是经验告诉我们，如果遭遇不幸，必然会觉得痛不欲生，而且如果我们有时间去设身处地地想象，我们必然会对他们深表同情。因为这种有条件的同情，我们才会认可他们的悲痛，即使有时候并未产生真正的同情。我们根据日常经验懂得了在什么样的场合不应该有什么样的情感，这个叫作“不合适”的情绪。

我们的行动由内心的情感所决定，而且还决定其善恶是非的性质。我们通常从两方面来考察它：一方面是产生的原因或动机，另一方面是目的或后果。一种感情是否符合它产生的原因，决定了随之而来的行为是彬彬有礼还是野蛮粗俗。也就是说，一种感情的意图决定了其后果是有益还是有害。

近来，哲学家们将主要注意力放在感情的目的上，却忽略了激起感情的原因。当我们在日常生活中对人的情感及其行为进行裁判的时候，是离不开以上两个方面的。我们责怪一个人对自己的爱恨缺乏自制，我们考虑的因素除了可能导致的后果外，还应该有造成他内心激动的微妙因素。也许我们觉得他不该那么激动，他所欣赏的人物没有那么出色，他的遭遇不是那么悲惨，他所愤怒的事情不是那么糟糕，但是只要他的情绪不是太离谱，我们都能谅解和容忍。

我们的同感是衡量一种感情是否恰如其分的唯一标准。在我们设身处地地考虑之后，如果我们的感情与之完全吻合，就会觉得它是恰如其分的，反之则不然。我们总是要用自己的感觉去衡量别人的感觉，所以我们只能用自己所看到的、所听到的，用自己的大脑和爱恨，去衡量别人的感觉。

·第四节·

社会关系影响同情与适宜性的判断

我们根据对别人情感的认同感来判断其是否恰如其分。这包括两种情况：一是我们与当事人和激发感情的事物都没有特殊的关系；二是我们当中的某人受此影响。具体分析如下：

在那些与我们双方都没有任何瓜葛的客观事物面前，如果对方认同我们的感觉，我们就会觉得他品位高雅，见识不凡。那些有关科学和品位的一般事物，比如壮丽的河山、华美的建筑、绘画的构图、演说的谋篇布局、第三者的所作所为、数字的奥妙、宇宙大体系中各个构件神秘的运转，跟我们都没有任何特殊关系。我们从相同的角度观察它们，并不报以同情，因为我们与之不需要感情上的和谐一致。但是我们通常对事物有不同的感受，因为我们各自不同的思维习惯会使得我们关注复杂事物的不同部分。

我们并不会对那些和我们有相同感受却没有特殊见解的人产生钦佩之情，最多只是内心表示赞同。但是对那些不仅与我们感受相同，而且可以指出我们的不足之处，指引和点拨我们的人，我们会表现出无限的仰慕之情，惊叹之余，赞不绝口。我们仰慕那些品位不凡的鉴赏家、头脑清晰的数学家，因为这些艺术和科学领域的天才为我们开拓了一个广阔的视野。

也许人们会觉得我们赞赏这种才气的原因是因为它有用，它的实际效果赋予了它特殊的价值。但是我们在最初赞同别人的见解时只是觉得它正确得当，这和我们觉得别人有眼光是因为他赞同我们的观点是一样的，别无其他原因。同样，我们对别人的品位的看法也是如此，评价其功用只不过是事后的想法。

对那些与我们和对方都有特别关系的事物，我们很难做到心平气和。我们的朋友肯定不会从我们的角度去看待我们所遭遇的厄运和伤害，不像欣赏一幅画、一首诗或者讨论哲学理论那么简单，所以我们的感觉必然会不同，而我们所受的影响更为直接。我们不会介意朋友对我们所欣赏的一幅画、一首诗甚至一套哲学理论不以为然，因为这对于我们来讲无关紧要，即使看法不一致，也没必要为此伤了和气。但是如果事情与我们和朋友都有关，就不大一样了。我也可以接受朋友在理性上的见解与我截然相反，在兴趣爱好上与我格格不入，如果碰巧我的心情不错，还能与之讨论这些问题。但是我接受不了在我厄运缠身、悲恸欲绝时朋友既不同情，也不愿与我分忧；接受不了我蒙冤受屈、满腔激愤时朋友毫无同感，更不用说仗义执言。这样只能使我们变得无话可说，互相受不了对方，甚至连对方的朋友都看不惯。

尽管如此，旁观者和当事人之间的心灵沟通还是可以做到的。旁观者应该从最微小的细节上考虑对方的痛苦，尽可能地体谅对方的处境。只有从最细小处了解对方的情况，才能真正进入对方的世界。

即便如此，旁观者与当事人的感受还是有差距的。但是人们不会为了别人的痛苦而使自己深陷同样的困扰之中，当事人明白，即使旁观者设身处地地想象并产生同情，也不会长久，而且由于旁观者没有真正地遭受折磨，所以旁观者还是安全的，并且感觉也不会那么深切。但是当事人还是想得到一种更完美的同情；而他能得到的唯一慰藉只能是在内心激烈的挣扎中所看到的旁人与自己的心意相通；但他只有控制自己的情绪，才能让旁观者接受。实际上，为了照顾旁观者的心情，旁观者并不能任性而为。旁观者觉得设身处地地体验不过是一种想象，这种潜意识导致同情程度的降低，也改变了同情的性质，所以他人的同感和自己的悲伤从来都不是一回事。但是两者的协调却能够维系社会的和睦，即使无法严密合拍，我们也别无所求了。出于人类的本能，旁观者会设身处地地体察当事人的情绪，而当事人则会把自己放在旁观者的位置。旁观者想象如果倒霉的是自己会有什么感受，而当事人则时常顾影自怜。当事人因为旁观者对自己公正无私的眼光而深深感动，内心的波澜因此而平息不少。

朋友可镇定我们心乱如麻的心，知己可慰藉我们的心灵，同情会使我们一想到他人正在关心自己的处境而变得顾影自怜。不要指望普通相识像至交一样听我们不厌其烦地唠叨，因此对他镇静、简短地说个大概情况就可以；更不要指望素不相识的人的关心，因此更应该将自己的情绪控制在他们能够接受的范围内。这样的自我控制是必要的，因为普通相识比知己更能使我们安宁，而陌生人比熟人更能使我们平静。

所以，如果哪天你不能控制自己的情绪，多参加社交和谈话活动，它能让你恢复平静和愉快，自得其乐。那些离群索居、爱好苦思冥想的人，因为常常闭门忧郁，即使他们慷慨仁慈、自尊自爱，还是很难获得凡人常有的平和心态。

·第五节·

和蔼与尊贵的美德

旁观者学着用心去体谅当事人，使得旁观者拥有了温文尔雅、和蔼可亲、公正无私和谦逊仁慈的美德。而当事人试图控制自己的情绪以照顾旁观者的感受，使得当事人拥有了雍容持重、自我克制的人品，将激情纳入自尊自爱、合理恰当的轨道。

如果一个人用他的慈悲心肠为他人的不幸而伤心，为他人的遭遇而不平，为他人的好运而欣喜，朋友能从他那无微不至的关怀中得到安慰，那么他的朋友必然对他充满感激之情。我们只要站在他朋友的角度，就能感受到这些。反之，一个人用他的铁石心肠、自私自利、无动于衷去对待别人的欢乐和痛苦，我们也可以完全理解他给周围人带来的痛苦，特别是那些令人同情的人和受害者。

另一方面，我们会崇仰那些在任何环境中都能够处变不惊，为了维护自尊、体谅他人而刻意地自制的人，而讨厌那些只会唉声叹气、哭天抹泪、吵吵闹闹来博得同情的人。但是，我们却对那种庄重沉静的痛苦，那种只有在红肿的双眼、颤抖的嘴唇以及看似冷淡无心却动人心弦的举止中才有所表露的痛苦，肃然起敬，这使我们同样陷入沉默。之后，我们会开始重视自己的行为来表示对此的敬意。

可是如果我们对心中的怒火不加节制，我们就会变得傲慢蛮横，这是非常令人讨厌的。如果一个人遭受了莫大的伤害，而不允许自己的言行越过情理的界限，要求内心像一个无关紧要的过客，丝毫不能有更痛快的报复和更沉重的惩罚，这种人的宽宏大量是让我们由衷钦佩的。

因此，要想拥有完美无瑕的人性，就必须关心他人胜过关心自己，就必须拥有公正无私和慈善博爱的情怀。只有这样，我们才能在感情上无阻碍地沟通，从而产生得体、适度的行为。基督教最伟大的律法规定是我们要像爱自己一样去爱我们的邻人，因此我们对自己的爱不要超过我们给予邻人的爱，也就是说，我们爱自己不要胜过邻人爱我们。这也是一条举世无双的法则。

敏感而自制的品质不是凡夫俗子所能企及的，只有卓越不群之士才能具备。他们往往对那些超凡脱俗的东西有着不凡的品位和见识。仁慈需要一种远非粗俗匹夫所能想象的细腻情感，而宽宏大量要求拥有软弱的常人所无法达到的自制力。就像小聪明造就不了天才，日常的伦理规范也造就不了美德。美德是一种卓越非凡、崇高优异的品质，远远超越世俗的标准。

超过一定程度的善解人意就会变成和蔼可亲，因为那已经变成温文尔雅的态度和无微不至的关怀；而超过一定程度的自我控制则令人肃然起敬，因为这样的人已经能够抑制常人按捺不住的激动。在这方面，那些可钦可敬的德行和那些只能点头认可的品行之间存在着很大的差别。通常一个人只要具有多数人所拥有的敏感和自制，有时甚至都不用这些，就可以达到完美适宜的水平。

举一个非常粗俗的例子，如果说肚子饿了吃东西是美德，就成了滑天下之大稽了。反之，有些情况下尽善尽美是很不容易的，所以只要超过了人们预期的反应，就是一种可贵的美德。由于人性的缺陷，有时候遭遇到强烈的刺激时，即使已经尽了最大努力克制，软弱的人性还是要发出叫喊。虽然受难者的行为不得体，但还是值得称道的，甚至可以叫作有修养。因为不是人人都可以拥有这种宽宏大量的，比起在这种难堪的场合中司空见惯的行为，那个人的行为是非常难得的。

我们常常会用两种不同的标准来判断一种行为的好坏。首先是得体适度、完美无缺。人在处于艰难的环境中，总是会做出可以被人指摘的事。其次是虽算不上完美无缺，但却有所接近，这是大多数人所能做到的。只要超过这个标准，无论距离这个标准有多远，都应该受到表扬，反之则该受到责备。

对于那些依赖于想象的艺术作品的评判也应该采取这种方法。用完美无缺的标准来评价大师们的诗歌和绘画，看到的只能是败笔和瑕疵。反之，如果把这些作品与同类作品放在一起比较，评判标准肯定会截然不同。这时，如果它们比大多数作品看上去更接近于完美，就应该得到最高的赞赏。

第二章
达到合宜性的各类激情的程度

引　言

用中庸之道去处理我们对别的事物所产生的激情，才会更容易被接受，这种处理方式才更合适得体，过于激进或是过于消沉的感情，在外人看来都无法理解。当自己遭受不幸或是伤害时，大多数人都会感到悲愤异常，只有在极少数情况下才会无动于衷。过分情绪激动会被认为是意志薄弱或脾气暴躁的表现，但过分冷淡就成了糊涂、麻木或心灵萎缩。对于这些缺点我们会觉得不可思议，也不能理解。

其实在各种激情中，所谓得体的中庸之道也是时而高涨，时而低落，并且表现各异。有些过于激进的情绪有时候没有必要，但是在很多场合中仍然是非常得体的。但即使情不自禁的时候，有些感情也不适合表现得太强烈。对于后者，人们往往抱以很大同情，但是对于前者却很少给予同情。如果对人类的各种激情做一番调查就会发现，人们对各种情绪表示多大的同情决定了他们是否认为这些情绪是得体的。

·第一节·

源于身体的激情

有些情绪是基于身体的某种状态或欲望，不应该表现得太强烈，因为朋友们不会对此抱有同感，他们的身体并没有处于相同的状态。比如说，肚子饿很正常，可是我们仍然觉得狼吞虎咽是坏习惯。有时人们会对食欲产生某种同情，当朋友们愉快用餐时我们会感到开心，因为我们会同情食欲。如果我们对此表现出厌恶，别人也会感到不快。正常人的胃口差别很大，因为他们身体习惯不同。我们会对一本围城日记或航海日志中所描写的大饥荒产生同情，我们设身处地地想象，描绘当时的情景，为之震撼和感动。但即使是这样，我们也没有感到真正的饥饿，因此说对他们的饥饿表示同情是不太适合的。

人类天性中吸引两性结合的情欲也是如此，这种情感虽然最为自然和火热，却要看场合。即使是在所有世俗和宗教戒律都不会加以任何禁止的两个人之间，这种情感也不是何时何地都无伤大雅的，但人们还是会对这种激情抱有同情。与女士交谈应该采取轻松、幽默、投入的方式，而不能用对待男士的方式。甚至在男人眼里，那些对女性漠不关心的人都是可耻的。

一切源于身体的激情都会引起我们的反感，过于强烈的感情表现会让我们厌恶。古代一些哲人认为，这是因为这些人类与动物所共有的冲动削弱了人性的尊严和高贵。不过，如果按照这种思路，有些情绪是人和兽类共有的，但那并不都像是兽性，比如怨恨、感动，甚至感恩。因为我们对身体的那种欲望没有同感，所以我们会对此感到恶心。一些人只要欲望得到满足，就会对此丧失兴趣，然后变得和别人一样无法理解自己的情绪。我们会对任何使肉体产生强烈欲望的客观对象采取相同的处置方式，比如晚餐过后我们就会吩咐收拾餐具。

节制的美德蕴涵在对身体欲望的克制之中。用谨慎的态度去对待，就可以把这些欲望限制在健康和财富所允许的范围内，而节制就是让它们变得大方得体、谦和有礼。

由于同样的原因，人们总会觉得男人大声叫喊，即使他的肉体的疼痛有多么难忍，也是很失男子汉的脸面的。但是人们也会对身体的痛苦抱以同情。前面讲过，如果看到有人要挨打，我们会不由自主地收回自己的手脚，我们也会觉得自己受到了伤害。但是因为无法亲身感受他的疼痛，所以我们所受到的伤害肯定也微乎其微；但若他大喊大叫，则会让我们觉得有点小题大做。所以说我们对源于身体的所有激情要么完全不能同情，要么即使引起同情，那种感受也远远比不上当事人。

但有些感情是由想象而生的，这与上述的感情全然不同。我的身体不会受到朋友身体感受的影响，但是我却很容易受情感的影响，很容易想象我所熟悉的人们头脑中的情况。我们更容易同情在爱情或雄心上受挫的人，因为那些激情全部出自于想象。一个身体健康却倾家荡产的人，他的痛苦只会来自于想象而不是身体。他会想象自己大难临头的惨状：丧失尊严、遭受朋友白眼、被敌人轻视、无法独立、贫困潦倒等等。与身体不同，我们的想象更容易受对方的影响，因此我们就会对他抱以更强烈的同情。

都说失去一条腿比失去一个情人更为不幸。但是，如果一场悲剧的结果仅仅是失去一条腿，那么，这肯定是世界上最蹩脚的悲剧，而后一种不幸即使再微不足道，却造就许多出色的悲剧。

只有疼痛感才会转瞬即逝，回想起来也不会让我们感到痛苦，所以我们才会好了伤疤忘了疼。但精神的痛苦却是极为长久的，有时朋友有口无心的话却会让我们耿耿于怀很久，烦恼不会随着这句话的消失而消逝。所以我们是被自己头脑中的观念而不是客观对象所烦扰。我们被想象不断地折磨，除非让它从记忆中消失。

危险的疼痛才能引起强烈的同情，我们的同情心是被受难者的恐惧所激发，并不是痛苦。可是恐惧完全来自想象，而想象又是飘忽不定、难以捉摸的。当我们面对那些从前未曾遇到、以后却可能遭遇的东西时，就感到忧心忡忡。就像痛风或者牙痛，虽然痛苦难忍，但却招不来多少关注和同情；绝症即使没有痛苦，也能获得最深切的同情。

有些人因为看到外科手术使人的肉体撕心裂肺地疼痛而产生过度的同感，头晕作呕。外部原因给身体造成的疼痛要比内部器官失调更为直接。我对邻居痛风或结石所受的折磨没有任何印象，却对剖腹手术、外伤或骨折带来的痛苦一清二楚。也正是由于新鲜和好奇，这件事才令我难以忘怀。就像一个人在观看过十几次解剖和截肢以后，就不会再为这种事情大惊小怪。如果只是通过阅读或观看悲剧故事，即使看过成百上千个，我们也不会对此麻木不仁。

在一些希腊悲剧里，展现肉体的痛苦是激发观者同情心的一种手段和方式。但其实并不是疼痛本身引起我们观赏的兴趣，而是另外一些东西：那些寂寞悲凉的气氛、迷人的悲剧色彩和浪漫主义的蛮荒氛围等。只有在知道了死亡的结局后，才会对英雄的痛苦有所关注。真正的悲剧不是通过苦难来表现的。企图通过表现肉体痛苦引起同情心是对希腊戏剧所建立的规范的最大破坏。

对肉体的痛苦抱以极少的同情，因此人们才会认为应该用坚强和忍耐来忍受这种痛苦。在接受残酷折磨时，如果一个人能咬紧牙关默默忍受，这丝毫没有违背人之常情，他的坚毅使他能够宽容我们的漠不关心，他的宽宏大量让我们钦佩和赞许。他的行为冲破了人性中最常见的软弱，使我们充满了惊讶和敬佩之情。

·第二节·
源自想象的激情

由于人们很难按照相同的思维方式进行思维，所以那些由于某种思维定式而产生的激情虽然看起来合乎情理，却很难得到他人的同情。虽然这种激情在日常生活中多少有点可笑，却是无法避免的。比如一对两情相悦很久的男女之间，自然而然会产生强烈的依恋之情。我们做不到用那位有情人的思维方式思考，所以无法体会他心情的迫切。但有些感情却很容易被理解和同情，如朋友遭受伤害之后的愤怒或者领受恩惠之后的感激之情，而且也会激发我们对他的敌人或者恩人表现出类似的愤慨或感激。可如果他堕入情网，我们不可能也爱上他的爱人，即使我们可以理解他的感情。只要你不是深陷情网，任何人都会觉得这种感情与他的对象相差悬殊。那些无法亲身体验的人，总是会受到嘲笑，虽然爱情在一定的年龄段是自然的，并非不可原谅。而在第三者眼里，这些真挚热烈的情话都是荒谬可笑的。恋爱的人很清楚，“情人眼里出西施”，他们对某一对象的特殊激情和局外人无关，而且只要一直保持清醒，就能用一种嘲弄和奚落的方式来对待自己的激情。我们只愿意听别人以这种方式来陈述激情，因为我们自己也常常用这种方式来谈论它。人们讨厌考拉和佩特拉克那种一本正经、又臭又长的情诗，因为他们一说起缠绵悱恻的恋情就很唠叨，但人们却喜欢奥维赛的轻松和贺拉斯的大胆。

可是，即使我们没有真正同情这种儿女情长，从未想象爱上过哪个情人，但是那种从美好热烈的爱情产生的对幸福的强烈渴望或者失望带来的巨大痛苦是很容易体会到的。引起兴趣的往往是产生希望、恐惧和忧伤的背景，而不是爱情本身。就像一本航海日记写的：“吸引我们的不是饥饿，而是饥饿带来的痛苦。”我们很容易理解情人对浪漫幸福的期待，虽然我们无法完全进入他们的感情世界。内心火热的激情得到满足之后，渴望祥和安宁，向往恬静安逸的田园生活（文雅、细腻、热情洋溢的提布鲁斯曾经兴味十足地描述过），对于一颗被强烈欲望折磨得疲惫不堪的心来说，是一件再自然不过的事情。无数诗人描述过友爱、自由、安逸的“幸福岛”，即使这是一种对理想的描绘，也是令我们神往的。爱情中的肉欲如果得不到满足就会消失，可是一旦得到又会令我们反感。恐惧和忧虑的吸引力远超过对快乐的渴求，正是因为我们害怕希望的消失，也就可以理解情人们所有的苦闷和痛苦。

爱情在一些现代悲剧和浪漫故事中具有神奇的吸引力，可是真正吸引我们的是爱情带来的痛苦。如果剧中男女主人公只是在一个平淡无奇、毫无危险的场景中互诉衷肠，观众只会哄堂而不会同情。观众接受这种场景被写入悲剧中，完全是因为他们可以预见随之而来的危难，并会为之牵肠挂肚。

社会规范使女性在爱情中举步维艰，也使得她们的爱情更加引人注目。我们为这种伴随着放纵和罪行的爱情如痴如醉。她的忧虑、羞愧、悔恨、恐惧、失望，全都因此而变得引人入胜，这些我们称之为“次生情感”。它由爱情催生却注定要变得热烈疯狂。

爱情是所有与其对象的价值相距甚远的激情中唯一让人觉得美好又惬意的，即使最软弱的心灵也能感受得到。首先，爱情本身荒谬却不可憎，经常带来不幸和灾难却没有恶意。其次，爱情本身虽然不适度得体，但随爱情产生的许多激情却存在合宜性。人们经常会同情爱情中的人道、宽容、和蔼、友爱和尊重，即使它们有时候有些过分。而尽管伴随爱情而来的可能是罪恶累累，但这种同情却使得爱情更加可爱，支撑着我们对它的想象。爱情会让人荒废事业，忽视责任，甚至一败涂地，声名狼藉，但被认为同爱的激情一起产生的敏感和宽容的程度，仍使它变成许多人追求虚荣的客观对象。当他们真的身陷其中，就往往装作看不到这些坏的结局，以此来自我麻痹。

我们在谈论自己的朋友、学业和职业时，同样也必须有所保留，因为我们不能期望同伴对我们的兴趣能够与我们对他们的兴趣相比。如果没有节制，我们就很难与另一半相处。就像哲学家只能跟哲学家做朋友，一个俱乐部的成员也总有自己的小圈子。

·第三节·
令人生厌的激情

还有一类激情，就是那些表现各异的仇恨和怨愤。对于这类激情，只有当我们把它们大大降低到未开化的人性所能产生它们的程度，才能理解，或者认为它们是得体适度的。我们对感到这些激情的人所怀有的同情可能唤起自己的希望，但对他所敌视的人的同情可能导致自己担心，因此，对一方遭受痛苦的担心，会减弱对另一方已经遭受痛苦的愤怒。对于一个被激怒的人来说，他内心的怒火远远超出我们给予他的同情。这是因为本来所有的同情就无法与当事人自身的激情相比，而且我们还对当事人所敌视的人抱有相反的同情。所以，只有将愤怒的激烈程度控制在其他激情之下，才容易让人接受。

同时，对于所受的伤害，人类总是特别的敏感。我们同情和热爱悲剧或传奇中的英雄，痛恨其中的恶棍，但是不会超过受害者的愤怒。通常，一个和蔼可亲、温良忍让、宽厚仁慈的人会让我们越发痛恨那个伤害他的人。

但愤怒又是人性中必不可少的。人们鄙视一个逆来顺受、丝毫不想抵抗和报复的人，他麻木不仁的行为让我们像愤恨敌人的傲慢一样气愤，因此对于向凌辱和虐待俯首帖耳的人，群众往往会感到义愤填膺。他们希望那个人奋起反抗，报复打击他的敌人，这样就会满足群众的义愤，赢得群众由衷的欢呼和同情。

虽然愤怒的情绪对公众的作用同维护正义和保障平等一样不可轻视，但是由于它可能危及自身，而且总有一些不尽如人意的地方，使它在发泄时引起反感。受害者表现出的愤怒如果超出他所受迫害的程度，我们就会认为那是一种对对方的侮辱，也是对现场所有人的无礼。因此，我们应该克制那种躁狂不安的情绪，以免给别人带来伤害，我们要尊重他人。

愤怒和其他客观事物一样，都是靠直接效果而不是间接效果取悦于人。即使爆发得合理，但如果直接效果让人不快，还是会使人们反感。因此，我们只有在知道事情原委后才愿意对此抱以同情。听到惨叫我们会飞奔前去，看到笑脸我们会心情开朗，但是仇恨和愤怒却不是这样。远处嘈杂的怒骂声只会让我们感到恐惧和厌恶。虽然知道这怒火不是冲自己而来，可是由于设身处地地想象，妇女和承受力差的男人会害怕，那些铁石心肠的人也会觉得心烦而愤怒。

仇恨也是如此。我们天生就讨厌这两种情绪。它们的粗暴激烈不但无法招来同情，还会让人生厌。在不了解悲伤原因的情况下，我们对悲伤也会反感。这些粗暴和敌对的情绪会让人们彼此疏远。造物主也仿佛故意使其难以传播。

悲伤或快乐的音乐能让我们深切体会到这样的情绪，或者至少很容易去想象它们，但是愤怒的音乐却令人毛骨悚然。快乐、忧伤、爱恋、钦慕、热诚，这些感情具有柔和、清晰而优美的天然曲调，段落有规则，而且被很自然地划分开，因此很容易按部就班地再现和反复。反之，愤怒及其他与之相近的情绪则让人觉得刺耳、不和谐，段落很不规则，时长时短，由不规则的停顿隔开。所以，表现这些情感的音乐难以谱写而且难听。与和谐的音乐组成的演奏相比，表现仇恨和愤怒的音乐就显得怪诞不堪了。

通常旁观者感到不快的情绪，当事人也会觉得不开心。仇恨和愤怒的感觉中包含着一些尖锐、刺激、让人心痛的东西，使人心烦意乱，会彻底摧毁幸福所必需的内心的平和安宁（只有“感恩和博爱”这类感情才能造就这种宁静）。那些忠厚君子最大的烦恼是产生背信弃义的念头，而不是忘恩负义的人使他们蒙受的损失，因为这些损失丝毫不会影响他们的幸福。

人们怎样才能接受我们愤怒的发泄，充分同情我们的报复呢？激怒我们的事情必须要严重，以至于我们只有表示一下愤怒才能不蒙受耻辱。不要过分为追究小事而大发雷霆，这样只会被人耻笑。与其他激情相比，愤怒的合理性最应该受到质疑，所以我们应该将愤怒的情绪限制在合理恰当和符合别人要求的范围内，认真考虑公正的旁观者的感受，而不是任由内心的怒火摆布。我们必须表现出与众不同的风度举止，胸怀坦荡、光明磊落，坚毅果断而不刚愎自用，正气凛然而不傲慢欺人，只有这样才不会令人生厌。也就是说，不要故作姿态，而要表现出我们并没有因为愤怒而丧失人性。只有在再三被激怒、忍无可忍的情况下，我们才会选择报复。在这样的限制和保证下，愤怒才可以说是大度的、崇高的。

·第四节·

友好的激情

上述提到的激情能够博得别人的同情是有限的，这也让它们显得面目可憎。但与之相反的激情在大多数情况下，能够获得别人加倍的同情，从而使当事人变得受人爱戴敬仰。当一个素昧平生的人，面对别人慷慨、仁慈、友善、同情以及关爱和尊敬的言行举止，都会因此对其产生好感，哪怕他只是个旁观者。旁观者在关注得到上述感情的人的同时，也会激发对那些付出上述感情的人的热爱。因为仁爱之情是丝毫不会令人生厌的，所以我们总是会对这种感情给予最强烈的同情。对付出和接受这种关爱之情的人的满足感，我们都感同身受。当需要勇敢面对残暴的敌人时，可能我们会心生恐惧，但仇恨和愤怒所带来的痛苦远远超过了这些恐惧。同样，感情细腻的人得到别人的关爱，随之产生的满足感会让他感觉更加幸福，这远超过他可能从其中实际得到的益处。如果一个人喜欢在朋友之间挑拨离间，将亲密的友情变为致命的仇恨，那他简直就是罪大恶极。更严重的是，它使朋友情谊所带来的满足感被破坏，双方内心的安宁被打破，愉快轻松的交往也从此中断，这才是最大的伤害。这会使友情基础上可能产生的相互帮助的体系丧失。这些东西对人生幸福的重要性即使是粗鄙的小市民都能体会得到，更别说是感情敏感的人了。因为相比之下，基于友情的帮助确实显得微不足道。

爱有利于身心健康。每当想到对方心中的感激和满足感，我们就会感觉更加快乐，感受到爱的人总是时时充满愉悦。同情和关爱一样，都能给双方带来幸福感。在有的家庭里，家庭和睦，父母子女关系融洽，相互尊重和宽容，即使在争执的时候也是如此；兄弟之间不争名夺利，姐妹之间不争宠，所有成员坦诚相待、亲密无间。置身如此平静、轻松、和睦和愉悦的环境中，让人感觉其乐无穷。相反，如果一个家庭内部因为利益冲突而产生争执甚至反目成仇，表面上风平浪静，暗地里却钩心斗角、猜忌愤恨，甚至有时当着客人的面都会爆发，这样难免会使身处此环境的客人尴尬不已。仁慈友善的感情即使有些过头，但绝不会令人生厌。因为总有一些令人愉快的东西存在于关心和友爱之中，哪怕其中有些无伤大雅的小小弱点。在有些人看来，父母过于温和溺爱，朋友过于慷慨热情，多少是性格懦弱的表现，甚至会因此同情他们，当然这些同情中也是满含爱意的。除了那些卑鄙之徒，谁会因此厌恶甚至鄙视他们呢？即使是在责备他们过度的爱心时，我们也是抱着善意和关怀的心态。也正是因为他们的软弱和无助，慈善仁爱的人往往最能引发我们的同情之心，因为慈爱本身没有丝毫卑鄙下流的可恶成分在内。我们对此感到惋惜，只是认为这个世界还不配得到这种浓厚纯粹的感情，因为它到目前为止还不适合这个世界。那些人面兽心、忘恩负义的小人总是让善良的人吃尽苦头，其实他们是最不应该，也最无法承受如此对待的。然而，在文明社会中，满怀仇恨和怨愤的人是难以为他人所容的，因为人人都厌恶、畏惧他们的疯狂发泄和歇斯底里。

·第五节·
自私的激情

有一种激情，处于中间状态，这就是人们因为个人的时运好坏而产生的悲喜之情。它既不像友好的情绪那样优雅适度，也不像恶劣的情绪那样惹人生厌。无论这种情绪是否恰如其分，它从来不会像愤怒那样让人讨厌，当然，也不会像光明正大的义举那样让人高兴。这里没有对象来引起我们同情，因为这种感情是私人的。但是，悲伤和喜悦毕竟不同，轻微的高兴和沉重的悲哀往往更容易博得同情。比如一个人由于机遇偶然平步青云，此时他至交的祝贺也未必都是发自肺腑。一个暴发户即便德行过人，一般也不会讨人喜欢，人们出于嫉妒，就无法勾起内心对他好运的祝福。头脑清醒的人会意识到这一点，他不会因为走运而得意忘形，而是尽可能地在顺境之中控制自己的喜悦，并故作姿态地穿起布衣，来表示自己从未忘本。他对那些贫贱之交倍加关注，尽力表现得比过去更加谦恭勤奋，热心待人。相对于他的地位，这种姿态更受人们欢迎，人们不会觉得自己有必要同情他的幸福，自己内心的嫉妒和不平反而应该得到他的理解。因此他想做好人是非常困难的，人们总觉得他的谦虚是装模作样，他自己也会逐渐厌倦虚伪的生活。所以，老朋友很快会被抛置脑后，只有一些无耻小人追随左右。他也无法顺利地结交新朋友，就像他的老友由于他地位的上升而感到自尊心受伤害一样，他的新交也无法忍受自己与一个暴发户平起平坐，他也只能一味低声下气才能抚平两者的怒气。老友的疑神疑鬼和新友的轻蔑白眼都让他恼怒，照常理，他很快就无法忍受，因此他再也不理前者，而将怒火向后者发泄，到最后也只会像常人一样傲慢无礼，所有人都对他失去了尊敬。在我看来，幸福感主要来自被人关爱，天上掉馅饼的好运没有多大用。按部就班地爬上高位，提升也在预料之中的人是最幸运的。这种人不会因荣华富贵而得意忘形，也不会招来被他超过和遗忘的人的嫉妒，因为他们的所得都合情合理。相对于这种人生中较为重要的事件，人们对那些无关紧要的小小的乐趣，往往更容易产生同感。面对巨大的成功，只有保持谦虚才最为合适。但如果人们面对的是日常生活的鸡毛蒜皮，是朝夕相处的朋友，是一场表演，是旧日的往事，是琐碎的闲谈，那就可以尽情地表达自己的欢乐。日常的点点滴滴都能给我们的生活带来无穷乐趣和愉快的心情，经常保持这样的心情同样是无比惬意的。我们都对这种快乐抱有同感，即使是琐事，只要能给别人带来幸福的心情，同样能让自己感到愉快。正是如此，年轻时光的美好年华才让人心驰神往，而对于快乐的向往则使青春更加富有活力，在年轻的心里激起火花（即使是同性），甚至老年人看到也会为之感受到喜悦。眼前的欢乐能让他们暂时忘却了衰老的烦恼，沉浸在如此令人心醉的思绪和激情之中。回首往事，仿佛老友重逢般亲切。此时更加热情的拥抱驱散了曾经分离的遗憾，一切快乐又重新回来。

悲伤则完全相反。小小的烦恼不像深重的悲哀，能引发很深的同情。如果一个人为每一件不如意的小事而心烦意乱：为厨师或管家微不足道的失职而伤心；在自家或别人家的高级社交礼仪中鸡蛋挑骨头；为好朋友今天上午见面时没向他问好，或是兄弟在自己讲故事的时候一直独自哼着小调；为乡下天气不好，旅行途中道路泥泞，或者在镇上缺少玩伴和娱乐场所，生活枯燥乏味等而情绪低落，虽然这些可能情有可原，却难以博得广泛的同情。快乐可以给人带来舒适感，哪怕是一点小事，我们也会乐此不疲。因此，其实我们随时都准备对别人的快乐表示同情。如果自己不幸遇到悲伤的事物，自然会想要抗拒或逃避这种悲伤。事实上，我们自己也会偶尔不自觉地为一些微不足道的小事悲伤，却因为和别人的感情相比，对于自己的感情总是放在首位的，因此我们不愿对别人同样的遭遇表示出一点同情。另外，还有一个难以启齿的坏习惯，就是幸灾乐祸。对于别人的烦心事，不但不会表示同情，反而会以此寻开心。受过良好教育的人，习惯隐藏自己微不足道的痛苦，而谙于世故的人，因为知道朋友也会这么做，所以会故意拿自己的烦恼开玩笑。现实生活中的人，知道别人对于发生在自己身上的事情的态度和想法，因此对于生活中一些小小的烦恼，往往以自嘲的方式解决。

相反，对深重的痛苦，人们总是报以深切、真挚的同情，甚至一出悲剧都会让人泪流满面。因此，当我们遭受重大的灾难或者是晴天霹雳的打击时，当身处绝境、贫病交加、忍辱偷生时，朋友们一般都会雪中送炭，热情、真挚地给予帮助，哪怕这些是我们自己的过错的恶果。但是，如果我们只是仕途不畅、失恋，或是在家受气，这种小小的不如意状况发生时，朋友给予的就只是耻笑了。

第三章
顺境和逆境对行为和同情心的影响

·第一节·
同情者的感受远逊于当事人的感受

与快乐相比，我们更倾向于同情悲伤，但依然无法与当事人的感受相比。我们能够感受到别人的快乐，更能感受到别人的悲伤，但是无论哪一种，都比不上他自己的感受强烈。

我们对悲伤的同情，虽然没有像对快乐的同情那么真切，却更加值得注意。“同情”这个词原本指的就是对别人的痛苦而不是快乐抱有同感。一位已故的哲学家曾敏锐地指出，“应该论证一下我们对快乐的同情也是真诚的，对别人的祝贺也是出自于人类的天性。”我认为，对别人的怜悯就不需要这样的论证了。

首先，我们更常见到的是对悲伤的同情，特别是过度的悲伤总能引起我们的一些共鸣。其实，我们并不完全同情他，就算是理解他的感受，感情也无法和他的一致。虽然我们不会和那个可怜的人一起流泪哀叹，但是当我们感受到他软弱无助、情感失控时，依然会主动地去关心他。而如果是一个得意忘形的人，我们就很难去分享他的快乐，不会去体会他的感受，反而会看不起他，有时甚至会生气。

其次，痛苦不论是在心灵上还是在肉体上，都比快乐更能刺激我们的感情。我们不能身临其境地体会别人的痛苦，但是这比对别人快乐的体会更为真切，虽然后者与当事人自己的感受更接近。

但是，我们总是尽可能地隐藏对别人悲伤的同情。当受难者不在场的时候，我们常常因为自私而不去流露对别人的同情，却未必能够成功。当我们勉强自己不去表达这种同情时，常常事与愿违。但是我们从来不需要去抑制对快乐的共鸣。如果我们嫉妒别人的快乐，就不会与他产生共鸣；而如果没有嫉妒，就会很自然地为别人的快乐而快乐。嫉妒总是让我们自己脸红，所以即使我们心中并不为别人的快乐而快乐，也总是会装出高兴的样子，有时还会弄假成真。当邻居交了好运时，我们看起来好像为他们高兴，但心中也许很难受。即使我们不想同情别人的悲伤，却总是很自然地就产生了同情之感。我们虽然很愿意同情别人的快乐，自己却常常感觉不到。所以，我们很自然地就得出了这样的结论：相比于快乐，人们更容易对悲伤产生同情。

尽管如此，我还是想要告诉大家，如果没有嫉妒，我们会更加倾向于同情快乐而不是悲伤，我们对快乐的共鸣更接近于当事人自己的感受。

即便认为有的悲伤显得有些过度了，我们还是愿意去宽容，因为我们知道他已经在自我克制了。即使他并不能够完全做到自我克制，我们还是愿意去原谅他。但是对于快乐，我们不会如此宽容，因为我们认为在这种情况下，当事人要控制自己的快乐情绪并不十分困难。我们敬佩那些遭遇厄运却能克制自己悲哀的人，却不会去表扬一帆风顺而没有得意忘形的人。当事人如果想要让别人对自己的情绪产生共鸣，在悲伤的情况下要比在快乐的情况下付出更多的努力。

对于一个身体健康、家道殷实、品德高尚的人来说，生活已经够完美了，再多的幸福也是多余的，然而只有轻浮之辈才会为此兴高采烈，而这又是人类最自然的状态。虽然我们会为这个世界的悲惨和堕落而感到遗憾，但是大多数人确实不过如此，他们更喜欢锦上添花。

虽然想要锦上添花并不容易，但是大家能够从中各取所需。幸福的人与完美相距不远，但是与最微不足道的痛苦的人却相差十万八千里。所以，灾难给人带来的悲痛常常超过应有的状态，远远超过幸运给人带来的快乐。所以，旁观者体会别人的悲痛感要比体会别人的快乐难得多，对自己平和心态的破坏也要大得多。因此，虽然与快乐相比，我们更倾向于同情别人的悲伤，但是依然比不上当事人自身的感受。

当对快乐产生共鸣时，人们的心情会变得愉快。只要没有嫉妒之心，我们就会愿意沉浸在极度的欢乐中。但是对悲伤的同情会让人心里难受，就算是表达同情之心也会很勉强。在看悲剧的时候，我们总会尽可能地克制自己的同情心。就算无法控制自己的感情，也会努力在朋友面前掩饰自己内心的波澜起伏。我们会悄悄地擦去自己眼角的泪水，因为旁边的人可能无法理解自己的多愁善感，反而会觉得我们软弱无用。一些遭遇不幸、渴望得到同情的人在倾诉痛苦时总是犹豫不决，因为他能感受到我们是在勉强地给予同情。想到他人心肠的冷酷，他宁愿自己把悲伤隐藏，也不愿尽情发泄。而那些春风得意、趾高气扬的人知道，只要我们不会因为妒忌而讨厌他，就会由衷地赞赏他，所以他才丝毫不去掩饰自己的得意之情。

生活中，总会有欢笑和泪水，但是我们总觉得别人更愿意同情我们的欢乐而不是悲伤，所以更愿意在朋友面前欢笑，而不是流泪。即便是遭遇了最不幸的打击，可怜兮兮地抱怨也会让人难堪，但是为胜利而狂欢却是正常的行为。出于审慎，我们常在成功的同时保持克制，这是因为怕过度的喜悦会招致别人的嫉妒。

对于在竞技场上超越自己的胜利者，群众会报以热烈的欢呼，而不会去嫉妒。而旁观死刑时，他们的悲痛又是那么庄严肃穆。在葬礼中人们总是伪装出哀恸的表情，但是在洗礼或婚礼中的快乐却是由衷的。在喜庆场合，我们的快乐虽然短暂，却和当事人的感觉一样真实。当我们热情洋溢地祝贺朋友时，的确为他们的幸福而高兴。此时的我们内心满载着快乐，所以举手投足间都会显示出快乐和满足。

然而，当安慰痛苦的朋友时，我们对痛苦的感觉总是无法与他们心中的相比。我们一本正经地倾听他们诉说不幸，看他们因为内心的激动而哽咽难言，心里却开始不耐烦，越来越不能跟上他们的情绪。与此同时，我们也知道他们的激动是理所当然的，值得我们同情，或许在内心骂自己麻木不仁，因此刻意地制造出一些同情。但是这种同情是如此脆弱，一旦我们转身离开，它就无影无踪了。大概上苍觉得我们自己的痛苦就够我们忍受得了，所以并不苛求我们去分担别人的痛苦，最多鼓励我们去减轻别人的痛苦而已。

正是因为我们对别人的痛苦感觉迟钝，所以那些在巨大痛苦之中依然能保持良好心态的人才显得不同凡响。经受了一些小麻烦却依然心情愉快的人总是招人喜欢，可以与“泰山崩于前而色不变”的人媲美。我们认为能做到这些是非常不易的事情，所以他们的表现才让我们瞠目结舌，让麻木不仁的我们受到震动。虽然并不要求我们和他的表现一样，但是我们会为自己缺乏他那样的感情而羞愧。我们深知人性中固有的缺陷，因此我们不奢望他能在波折中坚持如此得体的行为。我们赞叹他灵魂的高贵，同情夹杂着赞许，惊奇结合着感叹。

平常，这种高尚的英雄行为会深深地打动我们，他们坦然自若的风度总让我们钦佩不已。遭遇苦难时，有时候旁人的心情好像比当事者还要悲哀。当苏格拉底吞下毒药时，身边的朋友们泣不成声，而他却显得格外轻松。这个时候，旁观者尽情地抒发着自己充满同情的悲伤，并不害怕情绪失控，而是沉浸在自己关切朋友的情感中。可能此前他从未如此细腻而真切地关爱过他的朋友，但现在这种对朋友的同情产生的忧郁令他心醉神迷。可是当事人则截然相反，他强迫自己不去关心身边那些烦心或可怕的事情，怕它们干扰自己的情绪，使自己行为失控，令旁观者无法接受。于是，他强迫自己只是想象那些令人开心的事情，想象别人对自己英雄壮举的赞美和仰慕。一想到自己能身处险境而临危不惧，达到常人难以企及的崇高境界，他心中就激情澎湃，仿佛自己是胜利者，已经超越了不幸。相比之下，那些软骨头则会遭人鄙视。

因为自己的一些遭遇就垂头丧气、一蹶不振的人总是显得非常平庸。

如果换作我们，遇到一样的经历虽然也会自怨自艾，但是依然无法设身处地地赞同他的顾影自怜。也许这不太公平，但是我们确实会瞧不起这样的人，也许是天性使然吧。如果是因为自己而不是别人而哭哭啼啼，大家就无法接受。当慈爱而受人敬重的老父去世时，儿子的哀痛再过度也是理所当然的，因为他的悲伤来自对父亲的情感，我们完全能够理解这种人之常情。但如果他只是因为自己的不幸而如此感情用事，就没有人会宽容他。即便他家破人亡、流落街头，或者身临险境，乃至在众人围观中被推上绞架，只要他为自己流下一滴眼泪，那么就会被豪杰之士所不齿。别人固然同情他的不幸，但是依然不能容忍他这般的软弱。他们认为，软弱给他带来的耻辱比他的不幸更为可悲，因此为他感到羞耻胜于对他悲伤的同情。

·第二节·

对名利的追逐，大人物和平民百姓的差别

人们总是喜欢共享欢乐而不是共经患难，所以我们习惯于炫耀自己的财富而隐瞒自己的贫穷。如果知道别人对自己的窘境一览无余，并且极少怀有同情，那种羞耻的感觉简直无以复加。然而，刺激我们追逐财富、远离贫穷的主要动力并不来源于这种淡薄的人情。那么，是什么促使世人忙忙碌碌、劳苦终生，让他们追名逐利，一心往上爬呢？如果说是为了温饱，那么体力劳动者最低的工资就能满足他们的需要。但是我们依然讨厌他们的生活，那些出身上流社会的人害怕落入这种简单朴实的窘境中，即使不必劳动，也会觉得生不如死。是认为自己的肠胃更娇贵，还是因为在高堂里睡得更香？事实恰好相反，大家也都心知肚明，只是不愿意明说。那么，各阶层间的竞争又是因何而起？我们一直希望改善的生存状况又是什么呢？那就是成为万众瞩目的中心，大家关注的焦点，从中得到满足和赞许。真正让我们动心的不是安逸享乐，而是虚荣。虚荣又总是来源于我们对自己

能够得到关心的信心。富人为财富而骄傲，是因为它会为他带来全世界的关注，而他从中所生的快意也很容易就得到了世人的认同。这种感觉使他的虚荣心极度膨胀，也使他更加看重自己的财富，甚至超过了财富为他带来的一切。与此相反，贫困让穷人感到耻辱，因为他觉得人们会因他的贫穷而看不起他，即使偶尔注意到他，也不会同情他。尽管默默无闻还不等于被人否定，但是低下的地位让他们得不到他人的尊敬和认可，从而走向悲观失望。他们羞于在大庭广众之下暴露自己，别人假惺惺地嘘寒问暖只能让他们觉得难堪。他们总是被人忽视，即便他们痛不欲生的表情使得他人无法回避，也只是招来轻蔑、厌恶的眼光而已。那些春风得意的人不能容忍可怜人的惨相破坏他们的安逸和平静。他们总是世人关注的焦点。人们争相目睹他们的风采，想象他们的志得意满。他们的一言一行、一举一动全都处于人们的目光之中，人们渴望以他们为楷模，从中得到激励和暗示。只要没有太出格的行为，他们随时能够引起人们的关注。虽然随之而来的各种限制会束缚他们的自由，但是他们也因此获得了人们的羡慕。这是对于他们所付出的努力的补偿，为此终日忙忙碌碌，失去悠闲的生活也是值得的。

那些伟大的人物其实很大程度上是由我们自己想象出来的，带有欺骗性的色彩。而那种近乎完美的状态，正是我们在做白日梦时为自己描绘的人生蓝图。我们对这些志得意满的人有着特殊的情感，对于他们的喜好和偏爱我们亦步亦趋。我们难以接受任何对这种迷人形象的侮辱和损害，我们甚至奢望他们能够永生。如果他们被迫抛弃那尊贵的地位，走向上帝为子民们所准备的那个必然的归宿，我们会觉得过于残酷。

虽然我们知道“吾皇万岁”是一种东方式的阿谀奉承，但是在毫无知觉的情况下也很乐意随众高呼。国王的遭遇和情人的痛苦是悲剧最适合的题材，也最能引起我们的兴趣。我们喜欢给他们设计一个大团圆的结局，虽然事实可能恰好相反。谁要是阻碍我们的这种情感，就是对我们最大的伤害。弑君卖国者是最残忍的凶手，因此查理一世的死所引起的愤怒超过了人们对内战所带来的巨大牺牲的愤慨。同样的厄运如果落在平常人身上，就不会引发我们如此多的同情和义愤。人们对下层民众的惨状视而不见，却为上流社会的遭遇鸣冤抱屈，如果我们不了解人类的本性，难免会觉得身居高位的人对痛苦和死亡的忍耐力远远不如平民百姓。

社会秩序和等级差别的存在，有赖于人们对有钱有势者在感情上的认同。我们服从、尊敬那些地位高于我们的人，不是希望他们赏赐给我们什么，而是出于对他们优越条件的羡慕，只是希望能帮助他们去达到完美的幸福这个境界。我们这样做并不要求回报，只是为了满足我们的虚荣和自尊。事实上，很少有人能得到他们的恩赐，这部分人的运气让所有人垂涎。我们跟从他们不是为了维护现有的社会秩序，因为即使社会要求我们反抗他们，我们也做不到。从理性和学理上看，国王是人们的奴仆，我们对他们的服从、抵抗、罢黜和惩罚完全取决于公众利益的需要，但这并不是上帝的旨意。上帝只要我们为他们服务，拜倒在他们的脚底下，以他们的快乐为最大的满足；如果他们有丝毫不快，就算他们不惩罚，我们自己也会深深自责。很少有人能把他们放在平等的位置上，与他们争论，除非和他们的关系非同一般。在普通群众心中，他们高高在上，即使对他们恨之入骨，也总会在心中残留一丝对他们的同情，甚至很容易恢复对他们的尊敬。所以，如果人民想用暴力推翻他们，那一定是因为民怨积蓄到了无以复加的程度。

那些大人物可曾想过，为什么他们可以轻而易举地得到民众的尊重，而普通人却要付出极大的代价？那些贵族子弟何德何能，能够拥有令人尊敬的地位？是因为他们自身的学识、毅力，还是其他什么美德？他们谨言慎行，遵循所有的繁文缛节，因为他们清楚自己是众人瞩目的焦点，旁边的人随时准备为他们服务，所以即使在无关紧要的场合，他们也要小心翼翼地显出不同于常人的潇洒自如。他们言行之间显出的优越感是身处底层的人无法企及的。他们就是通过这种手段让人们对自己卑躬屈膝，为自己奔走效劳。君主们总是用这种仰仗权势地位的手段来统治臣民。人们把路易十四看作是伟大的君主，并不是因为他渊博的学识、过人的见地和宏大的气魄，也不是因为他的丰功伟绩和坚毅性格，而是因为他无与伦比的权势和地位。这两者使得其他的美德和优点相形见绌。而出身贫寒的人并不能通过这种手段出人头地。温文尔雅是大人物的专利，对别人却毫无用处。有些纨绔子弟装模作样地想模仿达官贵人的礼仪，只能让人瞧不起；有些人邯郸学步，装出一副贵族的派头，但人们对他们不屑一顾。这是因为他们自以为是，过于做作，以为自己是个人物，别人却并不买账。作为一个普通人，谦虚朴实、不拘小节才能赢得朋友的尊敬。如果他渴望出人头地，就必须要具备大人物的素质，像他们一样有几个忠实的随从。但是如果没有办法养活他们，他就必须通过另外的途径。他要努力让自己成为知识渊博、工作勤奋、任劳任怨、不畏艰险、百折不挠的人。只有这样，不论在什么场合都做到通情达理、慷慨大度，让人们了解他的才干，他才能够开创一番大事业。同时，他应该有机会担当重大的任务，通过自己过人的才干和优秀的品质完成艰难的使命，从而赢得人们的尊重。那些野心勃勃却不能施展抱负的人，整天心急如焚，寻找着出人头地的机会。他们认为自己生不逢时，所以想方设法地制造机会，甚至盼望着国内外发生战争或冲突，想趁乱世大展雄才，吸引人们的目光。相反，那些位高名重的人只要循规蹈矩就能保持现有的受人尊重的地位。他们对现状心满意足，没有能力去追求更高的目标，也不想为此冒险。他们希望社会安定，这并不是出于博爱，而是因为他有自知之明，知道自己没有能力应对这种危机，更害怕别人从中崛起。他只会冒点小险，投机取巧，以此赢得尊重。一旦要求他百折不挠地坚持奋斗时，他就畏缩不前了。很少会有例外的。因此，在所有的国家和政府机构中，出身卑贱的人们只有通过自己的勤奋和才干才能获得高位，然后担负起重大责任。而那些名门之后，所谓的大人物可能先是瞧不起他，然后心生嫉妒，最后只能卑躬屈膝，选择服从。

有句名言这样说：“爱情往往会让位于野心，而野心却极少被爱情压倒。”卧榻之侧，岂容他人酣睡？人的野心一旦膨胀，就无法容忍与别人平起平坐。对于那些身居高位、习惯了俯视众生的人来说，对这种感觉的渴望让其他的一切乐趣都黯然失色。那些失势的政客总是想方设法地让自已接受现实，不去回想往日的荣华富贵，以求得心安，但实际上，极少有人能做得到。他们大部分人都百无聊赖地消磨着时间，常为一些琐碎的事情自寻烦恼。只有回想到往日的志得意满，或是为了重整旗鼓，恢复以前的尊位而忙碌，才会容光焕发。难道真的有人甘心放弃名利，去追求逍遥自在、与世无争的生活吗？除非远离那钩心斗角的名利场，拒绝那些争权夺利的小圈子，不去与在你之前就受人瞩目的人物攀比，否则你就无法做到全身而退。每个人都渴望引起别人的关注，而高官厚禄正可以让你与众不同。这是许多人梦寐以求的目标，这造成无数尔虞我诈、巧取豪夺，让世界充满了贪欲和野心！明智之士并不把它们放在眼里，对谁掌握权力漠不关心，也毫不在意因为一点鸡毛蒜皮的小事受到朋友的批评。但事实上，除了那些世外高人，谁都不能把地位和荣耀置之度外，除非他已经看透了世界，洞察了事理，能够做到宠辱不惊，或者已经自甘堕落，采取破罐子破摔的态度，不再去想那些争权夺利的事情了。

由此看来，人最大的悲哀在于自己的遭遇无人同情，反而招来别人的鄙视和不屑。其实，人们最害怕的灾难未必是最严重的。在大庭广众之下丢人现眼往往比主动公布自己的不幸更加让人难堪，因为后者虽然不能让别人感同身受，却能引起前者不能得到的强烈同情。旁观者的同情虽然比不上他们自己的感受，却能够减轻他们心中的痛苦。在盛会上，让一位绅士衣衫褴褛地出现，还不如让他遍体鳞伤更为体面，因为后者能得到人们的关切，而前者只会引起人们的嘲笑。国王在军队面前鞭笞一位军官要远胜于刺他一剑，因为前者会让他颜面无存。按照荣誉的法则，鞭刑是一种人格的羞辱，剑伤却显然不是。法官判处一个罪犯死刑，还不如让他枷锁示众更为耻辱。士可杀不可辱，一个视耻辱为最大不幸的绅士如果受到这种羞辱，无异于遭受极刑。因此，法律一般不对贵族阶层判处带有侮辱性的刑罚，即使处以死刑，也会尊重他们的名誉。那些贵族无论犯了什么罪，欧洲各国政府，除了俄国外，都不会对他们施以鞭笞或者枷锁示众这样侮辱性的暴行。

勇士不会因为要被送上断头台而受到蔑视，而枷锁示众却会令他蒙受耻辱。前者会为他赢得万人的尊敬，后者却为人不齿。在前一种情况下，观众的同情使他摆脱了羞耻感，唤醒了他心中独自承担不幸的孤独感。在后一种情况下，人们不会同情他，即使同情也不是因为他的痛苦，而是感到他蒙受耻辱，为他脸红和沮丧。头戴枷锁的人即使觉得自己无罪，在这种情况下也一样感到自己遭受了刑罚而毫无颜面。相反，死刑犯知道人们会对他刚毅坚强的表情肃然起敬，所以他往往显出从容赴死的英雄气概。只要罪名没有损害他的名誉，这种惩罚也不会让人们对他丧失尊敬。

卡迪纳尔·德·雷斯的名言与我们上面的论述如出一辙："重大的危险往往能给我们带来种种荣耀，所以让我们不顾失败。可是一般的危险只能让人害怕，因为一旦失败就会名誉扫地。"

有德之人不会屈服于痛苦、贫穷、危险和死亡，对他来说，要无视这些并不困难。但是如果他的痛苦遭到侮辱和嘲笑，或者他在胜利之中被俘，受万人指责，他就很难再坚持下去。所有外在的不幸都比不上别人的轻视所造成的伤害。

·第三节·

趋炎附势风气对道德情操的败坏

人们总是喜欢仰慕富人和权贵，轻视平民百姓。这种风气也许有助于建立和维护等级差别和社会秩序，却也造成了社会上普遍的道德败坏。本该给予智者和君子的敬佩现在却给了富人和高官，而只有恶棍和傻瓜才该得到的蔑视现在却落到了穷人和弱者身上。古往今来，伦理学家们一直对此痛心疾首。

每个人都渴望美名远扬、受人尊敬，害怕名声扫地、为人不齿。但是进入社会后，我们很快就会发现，人们尊敬的不仅是智慧和美德，蔑视的也不仅是罪恶和愚昧。有钱有势者受人景仰，德才兼备者无人问津的现象已经随处可见。强者即使作恶多端、愚昧无知也不会被人看不起，而贫弱者虽然清白无辜却总是遭人耻笑。人们为了得到别人的尊敬和钦佩而坚持努力着。为了实现这个目标，他们只有两条路可走：一是勤学苦读、洁身自好；一是升官发财、飞黄腾达。争强好胜的心理也有两种表现：一种是野心勃勃、贪得无厌；一种是谦虚谨慎、公正无私。前者披着耀眼的光环，引人注目，却华而不实；后者则显得大方得体，但除了目光敏锐的人以外，很少有人注意。后一种表现的人总是凤毛麟角，却是真正的德才兼备之士，是社会的栋梁。而大多数人总是心甘情愿地拜倒在地位和权势脚下。

我们对智慧和美德的尊敬不同于对财富和地位的态度，这两种情感并不难区分，但是因为它们的表现一般没什么不同，所以如果不细心观察，很容易混为一谈。

就算平民百姓拥有和富豪权贵同样的优点，他们所受到的尊敬也无法和后者相比。绝大多数人敬佩平民百姓的诚恳朴实，但也比不上对富豪权贵骄傲自大的赞扬。平民百姓们整日循规蹈矩，偶尔一次行为有失检点就会招来轻蔑和嫌恶的眼光，而那些大人物经常放纵无礼，却总是能够得到别人的宽容。如果说应该得到我们尊敬的仅仅是财富和地位，而不是智慧和美德，这就冒犯了那些描绘高贵的品质的美妙的词语。事实上，财富和地位始终受到人们的崇仰，很自然地就引起人们的尊敬。大家都渴望得到它们，而只有罪大恶极的混蛋和愚蠢透顶的傻瓜才配不上那个宝座。

幸好，对于中下层民众来说，在多数情况下，追求美德和追求财富的途径都是基本一致的。只要在本职工作中踏实肯干，行得正、坐得直，多数能有所成就，有时偶尔有点出格也没有坏处。但是，如果一个人饱读诗书、才华横溢，却寡廉鲜耻、背信弃义、胆小怕事、生活放纵，那也终会一事无成。而且对中下层平民来说，他们总是对法律心存敬畏，懂得尊重这些维护正义的规则，从不敢以身试法。因此，邻里、同事和朋友的帮助和赞赏通常在他们的成功道路上扮演着很重要的角色，但品行不端的人很难得到这些。所以，在他们身上，“老实人不吃亏”这句老话是完全能应验的。因此，从一般社会公德的层面上来说，绝大多数人能达到我们所期望的道德水平，他们的行为也令人欣慰。

但是，在上流社会中却不是这样，可以说大相径庭。如果一个人在宫廷生活和社交场合中想要飞黄腾达，只能选择迎合愚昧骄纵的上司的偏好，哪怕那些偏好有多么稀奇古怪、难以理解。但他却不能指望同仁们的敬重，哪怕他见多识广。在这里，阿谀奉承、坑蒙拐骗所带来的发展空间远远超过德才兼备。歌舞升平时，帝王将相们整日纸醉金迷，丝毫没想过为民造福，那些迎合他们的俳优弄臣们就已经足够满足他们的希望。那里，故作姿态的仪表风度和小聪明，要比政治家、哲人或者议员的男子气概更加为人看重。那些无论在庙堂之上还是在乡野之间都十分重要的令人肃然起敬的美德，却被粗俗卑鄙的阿谀奉承之徒肆意污蔑和践踏，而这种马屁精在上流社会中几乎随处可见。

正是因为人们跟随在有权有势者身后亦步亦趋，所以他们的日常习惯才会为人效仿，成为时尚。他们的衣着打扮、交际言谈、举止风度，甚至罪恶和愚蠢，在社会上都会流行开来，成为人们追逐的对象。大多数人盲目地争相模仿，引以为荣，殊不知正是这些东西引诱他们堕落。爱慕虚荣的人总是装腔作势，卖弄他们的姿态。也许他们心里并不喜欢如此，却也不觉得有何不妥。虽然连他们自己都觉得这些东西不值得称道，内心却希望因此而得到好评。当然，他们也认为不应该忽视一些美德，私下里也会真心实意地倚重并且实践。伪君子不仅在宗教和道德领域中存在，在对待财富和地位的问题上也同样存在。一个爱慕虚荣的人总是想方设法伪装自己，想给别人造成一种假象。他用上层社会的马车和奢侈来展示自己的身份，以为这样就可以赢得别人的赞赏，却没有想到那些人为了得到人家的赞誉需要什么样的仪态和排场，而要维持这种排场又需要多少钱财权势。很多穷人讲体面、摆阔气，却没有料到这种名声对日后会是多大的负担，他很快就会被拖累得一文不名，离自己原先所向往的大人物式的美妙前景越来越远。

对名利的追求和对美的追求有时会产生激烈的冲突。追名逐利的人总是会为了梦寐以求的目标放弃美德。那些野心勃勃的人认为，只要自己爬上了梦想中的宝座，就可以轻而易举地赢得人们的敬佩和仰慕，毫不费事地做到优雅得体、风度翩翩。到那时，为了向上爬而使用的种种卑鄙手段统统可以被头上的光环所遮盖，没有人还会在意他的过去。因此，那些觊觎着政府中高位的人丝毫不把法律放在眼里，只要能够得到日思夜想的宝座，他们就会不择手段地将通向权力顶峰之路上的障碍一一清除，哪怕冒天下之大不韪，甚至不惜采用谋杀、行刺、叛乱、战争等方式。他们之中，失败者远远多于成功者，而身败名裂的下场也是罪有应得。按理说，那些美梦成真的人应该心满意足，但奇怪的是，他们得到了自己苦苦追求的东西，心里却只剩下无比的失望和失落。舒适、快乐，都不是野心勃勃的人真正想要追求的，他们喜欢的只有荣誉的光环（虽然往往是对荣誉极度的扭曲），也只有这个光环能给他们带来满足感。然而，无论是在他自己还是在别人的眼中，他此前为达目的而不择手段的卑劣伎俩，使他爬上高位后所得到的荣耀早已黯然失色。这时，他会尽力让自己和别人忽视甚至忘记过去的卑劣行径，但无论是纸醉金迷、声色犬马的放纵（堕落的人常常用这种可怜的办法打发时光），还是日理万机的忙碌、惊心动魄的征战，回忆仍然挥之不去，像梦魇一般纠缠。他可以举办所有极尽奢华的盛大仪式，可以从权臣和学者那里收买令人作呕的谄佞献媚，可以得到愚民大众发自内心的欢呼，可以在一切征服和胜利之后品尝志得意满的滋味，但是这一切却都是徒劳，他永远无法摆脱那如影随形的羞愧之情，像是一种生命的报复。他希望能够将那些事情忘记，却总是徒劳无功。而一旦他回想起过去自己曾经犯下的罪恶，就会知道别人也记得这些事。尽管所有荣耀集于一身，心里却不得不时刻背负着千古骂名。每个人都无法逃过自己心灵的追捕。伟大的恺撒能够解散卫队，这样已经算是气度不凡，但自己的疑心却无法打消；他可以赦免自己的敌人，却无法得到人们的友情。最终，他也无法在同僚的尊敬和爱戴之中安享天年。这其实是很可悲的一件事情。

卷二

优点和缺点，或奖赏与惩罚的对象

第一章
认识优点与缺点

引　言

还有一种与人类的行为举止相关的品质，它既不能用是否适度来衡量，也不能用庄重和鄙俗来形容，而只能对这些行为表示肯定和否认，这就是优点和缺点，一种与奖惩关系密切的品质。前面也探讨过，如果要去研究和更深入了解产生各种善恶行为的内心感情的原因，那么可以从两种不同的角度去解读。首先，可以从激发感情的原因是否与这种情感相对应的角度去分析，正是这种原因决定了行为是否适度。其次，可以从目的与结果的关系去分析。目的、结果的正确与错误对应了其行为是否应得到奖赏和惩罚。既然我们对行为的好与坏做了了解，那么我们现在就来了解人类行为是否该得到奖惩的有关感觉。

·第一节·
投桃报李与以恶报恶

虽然奖赏和惩罚的实质都是一种报答，但两者显然不同。奖赏是投桃报李，我们对别人施与我们的恩惠心怀感激之情，通常会进行报答；而惩罚却是以恶报恶，我们对别人给予我们的伤害怀有怨恨之情时，通常会以牙还牙（当然，能够引起我们对别人的幸福和痛苦关心的除了感激和愤恨之外，还有一些激情，却不像这种激情能够直接导致我们为他人操劳）。

当面对给予我们很多帮助的人时，我们会对他满怀敬爱，心存感激，会因为他得到了幸福而欢喜，也会心甘情愿地为此而尽自己的一分力量。虽然我们并不在意给予幸福的是谁，但是这并不影响我们的感激之情。可是，如果我们没有为他的幸福而尽一分力量的话，我们就会感到有所欠缺和遗憾。

同样，当面对一个曾伤害过我们或我们平时就很厌恨的人时，我们会对他幸灾乐祸，会因为他遭受到的痛苦而欢喜，不仅觉得他罪有应得，还会想亲手处置他。但是如果对他没有仇恨，那么也自然不想亲手给他造成不幸和痛苦。因为这样，我们的良心时常会自我谴责，觉得自己和那个人一样可恨可憎。但是如果罪犯为他所犯的罪和行为感到懊悔时，别人由于害怕受到同样的惩罚就不会再去犯同样的罪，惩罚也就产生了警诫公众的政治上的效应。

·第二节·
合乎情理的感激或怨恨的对象

只有那些与事情无关而公正无私的旁观者同情、理解、赞同的行为才是合理的并能被大家所认同的。而合乎情理的对象是大家都认为应得到感激或怨恨的对象。

当我们发自内心地感激某一个人时，很显然我们应该去报答他，这种报答也会得到别人的赞同。同样，当我们发自内心地怨恨某一个人时，很显然我们是应该去惩罚他，这种惩罚也会得到别人的理解。

一方面，当我们的朋友因为交了好运而快乐、开心时，我们都会很乐意去和他分享这种喜悦，即便不知道是谁、是什么给他带来好运。如果对这种快乐产生了感情，而它却在我们力所不能及的情况、范围之下被破坏，那么我们的内心便会产生许多遗憾、惋惜之情。当知道是某一个人为我们的朋友带来这份快乐、好运、幸福时，这种快乐和喜悦的情感往往也会更加强烈。在这时，如果有人获得了安慰、帮助、同情，对那个人我们同样是心怀感激的，也会觉得那个人是如此的亲切和蔼。所以，当被帮助过、安慰过、关爱过的人对他的恩人怀有感激之情时，我们完全能够理解这种知恩图报的感情。

另一方面，当我们的朋友因为遭受到欺凌伤害而痛苦悲伤之时，我们的内心就会和他一样痛苦、难过。但我们不能一味地痛苦、悲伤，因为这是一种消极被动的不合理行为，痛苦永远会伴随着我们，所以我们更要努力去寻找一种摆脱痛苦的情感，而这种情感源于一种合理的自卫与复仇。这种情感是一种积极合理并且被大家所认同的情感，当我们知道造成痛苦的人是谁时，这些感情往往也就更加凸显出来。

这就好像，如果我们的朋友在进行合理的自卫与复仇时不幸死亡，那么我们不仅会去理解和感受他的愤怒、憎恨之情，而且对他身边的亲朋好友的愤恨与憎恨之心也感同身受。当我们知道他死后大仇仍未报，那么在我们心中，就多了另一种感情，那就是所谓的责任感。往往只有这份情感，才让我们能在想象之中感受他所遭受的不幸和痛苦，也能在这种责任感中感觉到我们的朋友是死不瞑目的。其实神和上帝早已在利用这种情感去主持正义，惩罚那些罪恶滔天的人了：那些有罪恶的人往往会在半夜看到恐怖的画面和那些他曾经伤害的人的冤魂从墓地中出来复仇的身影。所以他们常常会感到恐惧、害怕和痛苦。

上面我们所赞同和认可的观点是因为我们感激、怨恨的对象是合乎情理的，而下面我们所看到的情况却是因为感激、怨恨的对象是不合乎情理而引起的结果。

如果一个人，当他去做好事的时候，其根本目的与动机不被大家所认同，那么我们就很难去理解那些得到好处的人给予他的回报和感恩之情。他仅仅因为对方碰巧是与自己同姓同名，做同样的事，或是和自己是同一宗系，当同样的官，就将自己的财产送出去，那么我们当然对这种愚蠢的行为是不予以赞同和肯定的，并且也无法理解、认同那些给予好处的人得到的回报和感激之情。因为这种愚蠢的帮助是不值得去感激与回报的，相反，当我们处在困难之中，对给予我们关怀、同情、帮助的那个人，我们就会心怀感激、敬意和尊重。

英国的君主詹姆斯的一生更能充分形象地说明这个理论。詹姆斯天生就具有一颗善良慈爱的心，他常常大方慷慨地施舍，却没有换来一个对他忠心的人，到最后居然是孤苦伶仃。可是他那生性冷酷和淡漠无情的儿子却得到了英格兰那些上流社会的人的帮助，甚至不惜为他牺牲生命。

同样的道理，如果一个人，当他因为某种原因和动机而去危害他人时，即便给他人带来再大的灾难和痛苦，只要这种动机是被我们大家所肯定和赞同的，那么我们就不会厌恶、憎恨他，也就根本不会去同情那些被危害的人了。

就像两者之间的吵架一样，若其中一个人的行为动机被我们所赞同，那我们就会觉得他是对的，而对方是错的，所以也就会去反对对方、否认对方，即便对方遭受了再大的痛苦和不幸，我们也不可能去体谅、理解和宽容的（当然，这种同情的义愤是有限度的。）。

当一个十恶不赦、凶暴残忍的罪犯指责揭发他的人和审判他的法官时，大家往往就不会认同这种行为，更不会去同情、怜悯他了。

·第三节·

小　结

首先，如果我们大家真正从心里去赞同和肯定行善的人的动机，那么我们往往会对他心存感激。因为这种动机蕴涵了许许多多的慈爱和帮助之情，所以我们也会以一种感激、崇敬之情理解和感受那些报恩的人的心情，因为我们觉得好人就应该有好报。

可是，当那些行善的人的动机不那么合理，甚至不被大家所肯定，那我们就会否认他的结果。

其次，如果我们大家对给别人造成伤害的人的动机、目的持否定态度的话，那么当他们给别人带来巨大的伤害与不幸时，我们往往会去同情、体谅受害者，并且能够理解受害者的怨恨之情。因为我们觉得恶人就要有恶报。

但是，当实施暴力行为的人，他的行为动机和目的是被大家所肯定的，那么我们就不会指责他，更不会去同情、怜悯、体谅受害者的愤恨之情了。

·第四节·

对优点、缺点的判断

人们判断行为优点和缺点的感觉往往来源于对实施行为的人所具有的感情和动机的直接同情与对接受的人所表达的感激之心的间接同情。

1. 对优点的判断力

对优点的感觉和判断是一种混合的情感，可是往往我们很难清楚地将这种混合的情感区别开来。我们往往很想知道那些正义浩然、高尚慈爱的行为的动机与目的，也在为这些行为后面那些大度无私、慷慨正义的精神所感动着。我们关注着他们的成功和体会着他们的情感，因为当我们用心去体会自己对曾给予我们帮助的人的感激之情时，我们才会真正地感受到内心的热烈、真挚，也才会去感激、崇拜、拥抱恩人。所以，对于曾经帮助过我们的恩人，无论我们怎样去回报他，给予他多大的恩惠，我们是永远也不会觉得满足的。而当他们对这些回报和恩惠予以报答，我们往往会对其大加赞扬。可是，当他们没有做出什么回报，我们会感觉很难以理解，当然，更多的是吃惊。

总之，当我们心中能感觉到被认同、赞扬和肯定的行为优点时，我们就应该对这些行为给予肯定、奖励和赞扬，并予以适度的回报，只有这样，才能使行善的人内心得到慰藉。所以当我们怀着一颗感恩和同情的心去体会当事者的处境时，也才能真正为他们慷慨正义、宽容大度的行为而感动。

2. 对缺点的判断力

对缺点的感觉和判断其实也是一种复合的情感，包括了对施暴者的感情的直接反感和对受害人的感情的间接同情。但是对于哪些行为应该受到惩罚，我们往往能够很正确地区别开来。

作为旁人我们通常更能体会那些受害者的愤怒，也会给予他们更多的同情，俗话说“恶有恶报”，在这里也得到了很好的证实。如果一个君主骄奢淫逸、荒淫无耻、惨无人道、横征暴敛，那么我们就会产生一种反抗和愤怒的情感，而这些情感的依靠往往也就产生于对施暴者的直接反感与对受害者的间接同情，所以对那些受害者自然会感到义愤填膺。当然，我们也会在不知不觉中萌生那种水深火热、痛苦不堪的情感，从而去同情他们的愤怒和支持他们复仇的情感，也会在每一分每一秒里去幻想着为他们伸张正义、解除痛苦、铲除邪恶。而对暴君的行为与感情则反感和憎恨，认为那是他们应该得到的惩罚。

第二章

正义与仁慈

·第一节·

正义与仁慈的区别

如果我们对一种行为充满感激之情，并且这种感激能够被旁人认可，那么这种行为必定是慷慨正义、正大光明、充满仁慈的。同样，如果我们对一种行为充满愤恨，并且这种愤恨之情也能够得到旁人认可，那么这种行为必定是心存不善的。

仁慈，是不能逞强的。因为它是人类的一种自由选择。对于一个缺乏仁爱慈善之心的人，我们是不能够惩罚他的，原因是他这样做并没有真正伤害到别人，更不会直接产生罪恶。可是，如果当你不去回报那些曾经给予你帮助的人时，那么你就会被别人当作是一个忘恩负义的无耻之徒，从而引起别人的憎恶。但这种憎恶之情并不等于愤怒之情，因为只有受害者才会感觉到愤怒，所以缺乏一颗感恩、仁慈之心的人，是不会受到惩罚的，但他会受到谴责。

如果仁慈是以胁迫的方式存在，那么其后果往往是自己羞辱自己，就像用暴力去胁迫他人来报答自己一样，倒霉的往往是自己。因为真正的仁慈表现为乐于去帮助别人，主动去积德行善、关怀和尊敬他人。

自卫，源于愤怒之情，它是正义和清白的守护神。如果没有它，我们便无法对伤害我们的行为给予报复。但是这种愤怒之情是有限度的，当别人不会伤害到我们时，我们就用不着自卫了。

正义本身是具有强迫性的，它往往是以暴力为手段，不依赖于我们意志所存在的一种美德。其实质表现为：以暴防暴、以暴制暴并恰如其分地使用暴力。它对那些不被大家所肯定的行为报以愤怒之情，从而实施以毒攻毒的行为。这也正是它与其他各种美德有所区别的最显著特征。所以，当人们去遵守这种正义的美德之时，便会在无形当中感觉到一种约束和紧张。当然，如果一个人的行为确实是伤害了某些具体的人，伤害行为也不被大家所认同，那么他便违反了正义。

正义，往往存在于统治者和被统治者之间。统治者经常用正义去维护其政权，并用正义去强迫人们要以礼相待、互助互爱，从而达到国家的繁荣富强（或是规定一种法律：父母有抚养子女的责任，子女有赡养父母的义务，如果不去实施这些行为，不但会受到谴责，而且还会受到更严重的惩罚）。所以，制定法律的人在执行法律的时候，应该具有认真严谨的态度。如果人们对此有完全不同的观点，那么往往会使人心动荡，社会失去安全和稳定，国家也将面临暴乱的威胁。

所以，对于仁慈和正义这两种不同的美德，我们所持的态度应该是审慎、严肃、认真的。最主要的判断依据是，其行为是否具有强迫性。有的行为只需要用责备的态度去对待，可是有些行为是需要用暴力惩罚予以阻止。对于有能力实施仁慈却没有实施的这种行为，我们会给予责备。相反，对于那些乐于行善者我们就会给予赞赏和肯定。那些既不值得我们去赞扬也不值得我们去指责的行为，就居于两者之间了。就好像是一个父亲用同样的态度对待他的儿子、兄弟、亲人，是不应该受到指责也不应该受到赞扬的。当突然之间有人对我们非常的友好，会让我们感到吃惊，好像对此应给予肯定和认同；而当突然之间有人对我们无比冷酷，好像也应给予否定和批评。

平等的主体之间，是不能用暴力去约束的。因为每一个平等的主体都有权利去维护自己的合法利益不受损害，并有权对那些制造伤害的人给予惩罚。所以，当有人遭到抢劫、袭击或是被别人谋杀时，作为旁观者的我们都会想着去保护他们并且为他们报仇。这样做的原因往往来自于那些慷慨的正义者，因为，他们对受害者的行为给予理解并感同身受，所以很乐意为他们效劳。这也正是正义在我们生活中的体现。可是，为什么受害者有时只能自怨自艾，而作为旁观者的我们却不能为他们伸张正义呢？这就是仁慈在我们生活当中的体现。就好比对于一个缺乏感恩、同情之心的人，我们对他只能给予批评责备，却不能去惩罚和胁迫他。

其实，我们与他人的交往中，如果彼此能做到真诚相待，不去伤害对方，那么我们也能感受到别人对我们的真诚、友善。相反，我们如果去以恶惩恶、以恶报恶，那么我们就会永远生活在一个冷酷无情的世界里。

·第二节·

正义、懊悔与欣慰

前面我们已经提到过有关正义的一些表现，在这里，我们再来对正义做一个系统全面的概括。正义是一种最完美、最崇高的感情。法律重要的作用首先体现于将侵犯和剥夺我们生命权利的侵害者给予最严峻的惩罚。其次，才是去保护那些拥有合法财产者的权利。所以，可以看出，保护个人的合法权利，要求他人履行其所应尽的义务，这是正义给予我们最后的保障。当一个人去侵犯另一个人的生命的时候，我们往往对侵犯者怀着憎恨之情。当然，当侵犯者意识到自己所犯的罪孽给别人带来伤害、不幸之时，如果他能深深地感到自责与懊悔，那么，我们对他的憎恨之情便会随之减弱。

爱自己胜过爱别人，这是人类具有的天性，所以我们便会常常去关注与我们关系密切的东西。那是因为，对我们来说，每个人都在这个世界里占有了重要的位置，并且只有自己才能让自己幸福，只有自己才能去关爱、照顾好自己。但这并不意味着我们可以用对待自己的态度去对待别人，更不意味着你可以毫无条件地去表现这种自爱、自大。当我们明白了这点，我们就会以别人的态度和眼光来评审我们的这种自爱，从而才会充分适度地去表现它，让别人接受。就像当我们与竞争者为了财富、成功、权力而全力以赴时，我们的这种自爱之情就能得到别人的赞同。但是当我们为了这些财富、成功、权力而不择手段时，这种自爱就不会被别人所接受。总之，当我们为了自己的幸福而努力时，我们这种自爱就会得到别人的赞同和理解。

悔恨是人类与生俱来就具有的一种情感。它往往会使那些给别人带来伤害、不幸者认识到自己的错误和罪孽时，对此产生羞耻、恐惧、惊慌、后悔之情。因为当他们认真、冷静地看待自己先前的这些错误行为时，便会慢慢厌恶和悔恨自己。当他们站在那些受害者的立场上去看待自己的这些行为时，他们便会更加地感到恐惧、惊慌并充满了懊恼和悔恨。他们常常会伴随着这种罪恶感在极度的痛苦之中生活，害怕别人对自己的冷漠和唾弃，渴望得到别人的宽容、原谅和宽慰，当然，也渴望着惩罚者能给予他们一些保护。

相反，如果一个行侠仗义、乐善好施、正义公平、慷慨大方的人在从事正义的行为活动时，他就会觉得欣喜与欣慰，而别人也会爱戴他、崇敬他，和其他人相处时也能其乐融融。我们把这种自我满意、欣慰的情感称之为对优点的自觉。

·第三节·
正义的作用

人的天性决定了只有适应其所处的自身环境，才能够在社会中得以生存和发展，这是被大量事实所证实的。我们每个人都应该真诚友善地对待身边的人，并且学会如何感恩。因为社会有了人们的以礼相待、互敬互爱，才会充满平和、温馨、关爱，从而不断地向前发展。

在一个社会里，如果人们之间没有关爱，没有帮助，也没有感恩，那么这便是一个缺少幸福、温暖和关爱的社会。在这种社会里，人们只能以类似互惠互利的关系维系生存了。所以，当一个社会不能生存与发展时，那么这个社会的人们必定相互愤恨、相互伤害、相互残杀……这样，就会扯断社会关系中的纽带，从而消灭整个社会。所以，在一个充满阴险狡诈、暴敛无耻的社会里，它只能在正义的守护和维护下才能生存和发展，这样，正义在整个社会生活中便居于核心地位了。正因为我们意识到它的重要性，所以我们才会去尊崇它，乐意看到违反这一法律原则的人受到惩罚，以此维护它的尊严。就像那些自卫者，正是因为有了正义的维护，所以他们在进行自卫时就会适度地、有原则地进行，从而真正地保护自己。这就好像我们可以使用暴力与恶势力做斗争，从而维护国家的安定、社会的平和一样。

正是因为有了“正义”这种特殊的情感，我们才会对违法者绳之以法。所以，当我们为了维护社会的安定而做出必要的惩罚时，人们便会表示理解和支持（因为这种做法是正确的）。但是，世界万物的变化是有规律的，所以，对正义的使用也是有限度的。如果施暴者得到了他应有的惩罚，不再实行暴力时，我们往往便会在不知不觉之中对他产生同情、怜悯之心。所以，为了让人类对施暴者产生更多的怜悯和同情，我们就必须用“先天下之忧而忧”的思想去驱除那些狭隘的情感，这就是我们通常所说的：“对罪大恶极的人宽恕实际上是对无辜者的伤害。”

只有真正强调正义在社会当中的重要作用，我们才会在维护社会安定的过程中取得胜利。我们对那些丑陋低俗、虚伪狡诈的人不但怀有厌恶、憎恨之心，而且还会希望他们得到应有的惩罚。因为，他们这些行为在一定的时候必将危害到社会或给社会带来消极的影响。

可是通常，我们在社会中往往很少强调正义的重要作用。我们对自己的幸福和命运予以关注时，并不意味着我们从真正意义上去关心整个社会。这就好像我们很重视一千块钱，也知道这一千块钱是由每一元钱所组成，但这并不意味着我们会将大部分的时间与精力放在每一元钱上，即便不幸失去了一元钱，我们也不会感到太难过。相似的，我们对社会的关心，并不意味着我们真正去关注每一个人的生死存亡，即便社会是由每一个人组成的。所以，可以很明显地看出，对社会的关心是由对每一个个体的特殊关心而构成的，但是对每一个个体的关心，并不意味着对整体社会的关心。例如，我们为了保护自己所拥有的全部财富而去惩罚掠夺财富的人，这仅仅是为了得到所丢失的那一笔钱。同样的，我们为了维护社会的安定和整体的利益，而去惩罚那个威胁者时，仅仅是出于对受害者的帮助与同情。现实告诉我们，对罪犯实行惩罚，并不意味着我们对整个社会的关心。这里需要强调的是，我们对亲朋好友的尊敬、热爱和关怀之情并不一定包含了这种关心。我们所憎恶的人被他没有得罪的人所伤害时，我们会对他给予理解和同情。即便有些人会对这种理解、同情表示反对。

我们在对待不同的惩罚时，由于心情和态度不同，也会具有不同的原则。在某种情形中，仅仅是为了维护社会的整体利益而对惩罚的行为表示赞同（这种赞同往往是对一些危害社会治安、违反纪律者的惩罚行为）。即便这种行为不会直接对每个人造成伤害，可是我们常常会去惩罚它。因为，我们觉得如果这种行为日积月累，便会给社会带来许多危害和损失。所以，当我们对一个玩忽职守、不坚守工作岗位的哨兵给予剥夺生命权的惩罚时，我们会因此而感到遗憾。虽然这个哨兵的玩忽职守可能给整个军队带来消极的影响，可我们还是希望能保住他自己的生命。因此，我们就会对公私利益相悖而心存遗憾。很多时候，当个人利益与国家整体利益发生冲突时，我们应该保护国家的利益。所以，严厉的惩罚是必不可少的，这也是我们大家所认同的。但是有时候我们会觉得，这种惩罚太严厉了些。他们的行为虽然伤害了其他人或给其人造成了不幸，但却还没有达到让我们为此愤恨的地步。所以，一个内心充满善良的人，在面对这些行为时，必须意志坚定，才能赞同对犯罪者的惩罚或是亲手惩罚犯罪者。可是，即便是一个内心充满仁义善良的人，当他们面对杀父仇人或者忘恩负义、凶暴残忍的凶手时，他们也会毫不犹豫地惩罚这些凶手。这时，如果别人惩罚了这些凶手，他们便会高兴。可是，如果他们没有报杀父之仇，也没去惩罚那些凶手时，他们的内心就会感到失望、痛苦。所以，我们必须重视的是，违反正义的行为，应该要现世现报。不然，如果违反者在活着的时候侥幸逃脱，那么这种惩罚便会一直紧紧缠着他的灵魂从而去惩罚他，这也便是为什么会产生地狱的原因了。

第三章
命运对我们产生的影响

引　言

当我们去判断一个人品质、道德的好与坏时，往往是通过其行为所具有的三方面内容去分析和评价它。首先，一个人实施某一行为的目的和意图；其次，这种目的所引起的动作；最后，在前两者的影响和作用下所产生的结果。差不多每一种行为都包括和蕴涵了这三方面的内容，其中居于核心地位的是实施行为的目的、动机和意图。它往往决定和影响着其他两方面。

一种行为是应该得到赞同，还是应该得到反对，决定于行为者的目的和意图。如果离开动机、意图去评价其所产生的行为，我们既不会去赞同，也不会去批评。这就好像给你一把枪，不管你去射击鸟还是射击人，你都是射击，而我们不知道你射击的真实目的，所以，我们对其造成的结果是不会做出任何评价的。这也正说明了行为产生的后果与行为者的目的、意图是密不可分的。所以只有行为者表达出内心的真实意图、目的时，我们才能对这种行为做出赞同或批评的评价。虽然影响行为的目的和意图不同，会导致许许多多不同的结果，但是归结起来说只有两种，即好和坏。合理的动机，正确的结果当然是好的；相反，动机、目的不当和不轨的结果也自然是不好的。

当我们通过行为的这三个方面去评价一切善恶时，这种情感往往会随着具体情况不同而具有不稳定性。所以我们现在要探讨的问题是：这种不稳定性形成的原因、产生的影响和带来的结果。

·第一节·
形成的原因

不管是有没有生命的东西，都会引起我们的痛苦、快乐、憎恨和感激之情。当有一个小石头弄疼了我们，我们就会踢走它；如果它弄疼了小狗，小狗便会对它乱吼乱叫。

当我们平静下来以后，对这种态度与情感做一个更正的话，我们就会很快清楚，对一个没有生命的东西去宣泄我们的情感，这种做法是不理智的。但是，我们在生活当中常常会具有这种情感（对无生命的东西，当它给我们带来伤害痛苦时，我们就会拿它出气；当它给我们带来欢乐喜悦时，我们就会对它心存感激）。如果有一种东西，它给我们的朋友造成死亡，那么我们恨不得将它销毁砸碎。我们的这种举动，会得到其他人的理解。当一个海员依靠某块木板从失事的船中获救的时候，我们希望这位海员能够对这块木板心存感激，好好珍惜这块木板。就像我们长期使用的钢笔、拐杖，我们从心里会好好珍爱它的；也好像我们对遥远传说中的森林仙女和土地守护神，怀有一种敬畏之情。

对那些无生命的东西去宣泄我们的感情，是不符合逻辑的。所以，真正合乎逻辑的宣泄是对有生命事物的感知。因为这种有生命的事物能给我们带来痛苦、快乐。也只有这种事物，才能将我们的憎恨、快乐之情表达出来。对于无生命的事物，它们是不能接受我们的报复、感激之情的。所以，动物和人往往更适合我们去憎恨或感激。如果狗咬伤了你，牛顶伤了你，那么你就会惩罚它们。从某一个角度来看，你是为了保护自己，但对于那些曾帮助过我们的动物，我们应该给予它们尊敬和感激。《土耳其侦探》中有一个故事能很好地说明这个问题，有一匹马曾经横渡海峡将一个官员驮了回来，可是这个官员却把这匹马杀了。我们当然无法理解和赞同这个官员的举动，因为这匹马应该受到感激、尊敬和关爱。

虽然动物能感受到那些情感，但仍然具有一定局限性。所以，当我们向一个人表达感激之情时，不但希望他能快乐，而且还希望他能感到欣慰(因为我们要让他觉得，他的付出是有所回报的)。另外一种现象是，当我们去报复那些仇人时，不但要让他得到应有的惩罚，更重要的是，要让他明白不能这样伤害别人。

我们很乐意别人对我们刮目相看，也很乐意去听那些对我们自己有很好的评价的话。所以，我们最想让自己和自己的恩人心有灵犀，也希望对他们所做的行为有一个满意的肯定。但是，那种为了获得更多感谢的施恩者，常常会被慷慨大方、乐善好施的人所轻视。这就是通常被人们所认为的行为者的动机。当我们对那些施恩者不会产生尊敬、感激之情时，那就说明了那些施善者的目的、动机是不正确的。

同样的，如果那些妄自菲薄的人伤害了我们，给我们带来不幸和痛苦，我们常常会憎恨、厌恶他们，并希望他们得到应有的惩罚。所以，在通常情况下，就出现了复仇。复仇的目的其实是让那些实施痛苦的人意识到，他不应该这样做，从而让他确定一个正确的态度（但是，如果复仇没有成功，那我们便会感到失望和遗憾)。有一种情况是需要注意的，与我们势不两立的敌人，如果他们没有伤害到我们，也没有给我们带来痛苦和不幸，那么在一般情况下，我们就很容易去理解他们，更不会感到愤怒了。

所以，一个合理、正确的感激或仇恨对象必须满足三个条件。首先，它能够激起我们的快乐或痛苦；其次，它必须具有生命；最后，它必须存在于人们意识里，即会受到他人的肯定或否认。第一个条件能够让任何事物都具有那些情感，第二个条件是满足于那些情感，第三个条件是能够让我们产生更多的情感。所以，要想激起别人感激或愤怒的情感，唯一的方法是以各种方式给别人带来快乐或痛苦。一个人，如果他具有慷慨仗义或横征暴敛的意图、目的，他却没有达到他所希望的目的时，那么我们就无法对他的行为给予肯定或否定。

总之，当我们的内心充满了善良仁爱、宽容大度，那么就会造成好的结果，从而得到别人的肯定、赞赏，随之便形成了优点；当我们的内心充满了邪恶、自私，那么就会造成不好的后果，从而得到别人的否定、憎恨，随之便形成了弱点（即人们通常所说的缺点）。正因为行为掌握在命运的手中，所以命运才会影响人类对优点、缺点的不同看法。

·第二节·
产生的影响

不管是值得表扬的目的还是值得唾弃的目的，如果因为命运的影响而没有实现，那我们对这种感觉便会自然消失，反之亦然。命运产生的影响通常表现为两种。

第一，一个人感觉到自己的优点或缺点是有所欠缺的。可以推断出，他即使有美好、正确或是图谋不轨的计划、目的，但他的这种目的也不会发生实际作用。这是感情变化无规律性的一种表现，这种表现不是只有那些直接接受行为影响的人才能感觉到，而且，作为一个公正的旁观者也能间接地感觉到，当某一个人去帮助别人，即便没有成功他也会得到别人的尊敬和爱戴。但是，如果他不但帮忙而且成功了，那么他就会被当作恩人，从而获得人们的爱戴和感激。

从某种正义感的角度来看，我们应该感谢那些愿意帮助我们，但却因为某种原因而没有达到成功的人。所以，在一般情况下，我们往往用这种观点去安慰那些付出而无回报的人。虽然他们没有达到成功，但我们也应该感谢他们。一个宽容大度、友善的人，他会用同样的态度去对待那些帮助他但是未能成功的朋友。所以，真正的宽容和大度是能够被自己所看重的人热爱和尊敬的。往往这种能给人带来幸福的情感，通常能激起更多的感激之情。相比之下，“结果”就显得微不足道了。但是快乐、感激之情并不是绝对的。因为对他们来说，感激之情也会有所损失的。这个道理就好像帮助两个情况处境完全相同的朋友，其中甲获得了成功，而乙失败了。那么，即便是品质多么无私的人，也会去认同、赞许甲多一些。从这一事实中我们可以看出人类的不公平性。如果拥有爱心的人并没有去帮助别人，那么我们就不必对他心存感激。这也在我们生活中有所表现，如果一个人很愿意帮助我们，但是我们却不想因此而感谢他，因为要是没有别人的合作，那么他所付出的努力是不会有什么结果的。当旁观者能站在公正的角度去分析这一问题时，他们就会同意、认可这种观点。需要指出的是，一个人，当他尽心尽力帮助别人，却没有达到目的时，那么他就会否认其自身所拥有的优点，并报以怀疑的态度。但是，对于那些有崇高志向、远大见识的人来说，优点本身并不是完整无缺的。当他们因此感到英雄无用武之地时，这种缺欠就更加突现出来。

如果一个英勇善战、才智双全的将军，因为奸臣所害而未能打败敌人时。即便得到善良仁慈的人给予肯定和赞许，但是在他心中，他还是失望和不甘。同样的例子，一个伟大的建筑师，如果他因为某种原因而没有实现他的设计，那么，他就会觉得悔恨和痛苦。可是，如果是一个充满智慧的建筑师，用他的智慧和才能去设计并且将设计圆满完成，那么我们就会惊讶和赞美一座富丽堂皇的伟大建筑物出现在眼前的欢悦和惊喜。虽然每个建筑师的设计都充分体现了他们具有一样的才华、智慧，可是却给我们带来了完全不一样的结果。即便是世界上最智慧、最聪明的人也是会有这种感觉的。计划、想象往往比实践容易得多，可是却因为缺少实际的行动，所以就不会引起这种赞美的感情。就像我们往往会觉得亚历山大、恺撒他们的能力、智慧与我们不相上下，只要给予我们相同的环境和机遇，我们也能做出那样伟大的事情。所以，我们就不会对他们投以赞赏、惊奇和羡慕的目光。当我们以一颗平静的心去评价他们时，我们就会赞赏、肯定他们，因为他们有能够激起赞赏、肯定的激情。

同样的，对于一个忘恩负义、自私自利的人来说，当他去看待一个想做好事可是却没有能够做成好事的行善者时，他就会因此而将行善者的优点缩小；当他去看待一个想做坏事但却因为某种原因而没有达到目的作恶者时，他就会因此而将作恶者的缺点缩小。对于犯罪者来说，无论他的犯罪意图多么恶劣，即便是被人们追查、了解得一清二楚，只要他还未犯罪，就会得到从轻处置。就好像一个小偷，如果他只是将手伸进别人的衣袋里就被别人发现了，那么给他的惩罚远远比他已经偷了东西要轻得多。相似的例子，如果一个人企图强奸妇女，那么给他的惩罚往往要比强奸罪轻得多。相似的例子还有，如果我们看见一个人，想非法侵入民宅，但是在他未进去之前就已被抓获，那么对他的惩罚比已经侵入民宅要轻得多。所以，从上面的事例当中我们可以看出，不管是文明的国家也好，还是不文明的国家也好，人类的情感往往是具有无规律性的。所以法律在这一特殊条件下，规定了所谓的“减刑条例”。不管在什么情况下，内心充满正义、善良的人往往会从减轻对犯罪者的惩罚的角度出发，可是内心充满自私和凶恶的人是不会从这一角度去思考的。

在这里需要特别指出和强调的是对于叛逆者的定罪，是具有其特殊性的。统治者往往会以严厉的惩罚手段来镇压叛逆者，因为叛逆者通常会威胁到统治者本身、当局者的地位与政治，或是给政权本身的生存发展带来直接威胁、影响。所以，在世界的大多数国家里，一般情况下都会对叛逆者给予最严厉的打击。在现实生活中，我们也会遇上一些悬崖勒马的人们。他们或许想过报复、伤害别人，想过犯罪。但因为某种偶然的情况未发生，他们在那一刻清醒了，并且感觉到庆幸，从而心中充满感激之情。但是，他们也会感到自责和羞耻，即使结果没有发生。这就好像我们曾处在悬崖之处，处在危险、水深火热之中，虽然最终脱离危险和困境，但当我们回想起这一经历时，心里还是会感觉到一些恐怖和害怕。

第二，我们对行为优缺点增强的感受，来自于行为者偶然带给我们不同寻常的快乐或痛苦。所以，我们往往会非常喜欢带来好消息的那个人，并且会对他会产生一种喜爱、感激之情。相反，我们会很讨厌给我们带来坏消息的人，并且对他会产生一种憎恨之情。当亚美尼亚国王提格兰将最早向他报告敌军将至的人斩首示众，以此来惩罚那些带来坏消息的人时，这种情感便得到了更好的证明。虽然这种做法显得凶狠毒辣，可是我们还是会认可它。这也解释了一种现象，即在外作战的将军为什么会将传达好消息的美差交给他最宠爱的人。那么，我们为什么会产生这种情感呢？因为我们很容易对友好善良的情感表示赞赏、认可，而对凶狠敌对的情感却容易表示憎恨。可是，当凶狠、敌对、阴险辣毒的行为所针对的对象是正确合理时，我们就会对此给予理解和宽容。

在通常情况下，因为某人的过失而伤害到别人时，我们会理解受害者心中的不悦，也会同意他去惩罚那个对他造成伤害的人。如果某人有过失的行为，那么他是要受到惩罚的。例如，一个人事先没有通知任何人，就将一块石头从窗户外扔进屋里，那么即使这块石头没有砸到谁、伤到谁，他也会因此受到谴责和惩罚。因为他不在乎别人的安全，更不在乎石头是否会伤到谁，他本身不仅缺乏社会责任感、正义感，同时也缺乏正确对待他人的意识。所以，从这一角度来考虑，我们就会觉得：他的这种过失与疏忽应该受到惩罚和谴责。

还有一种疏忽过失，那就是它本身就是违反正义的。它通常表现为，当一个内心充满关爱、仁慈，作风小心谨慎的人，因为某种偶然的原因，无意中伤害了别人，那么我们就会因此而责备他。因为他所造成的伤害和损失应该由他来承担，所以这种责备是应该的。但是需要强调的是，这里的责备是不同于惩罚的。

最后我们来看看另外一种过失与疏忽。这种过失与疏忽体现在：当我们去做一件事时，如果总是小心翼翼、杞人忧天地面对还没发生的事情。

我们就会给予反对、批评。因为人们常常会认为，小心谨慎的态度不利于成就大事，因此不会把它当作一种美德。可是，如果有人因为缺乏这种态度，而给别人造成损失与伤害时，他就要因此而赔偿损失。这正如阿奎法律所规定的一样，如果有人骑着一匹容易受惊吓的马奔跑时，正巧踩伤了别人，那么他就要因此而赔偿损失。同样的，当一个人因为上述的原因给别人带来损失与不幸时，若他是一个有良知的人，不但会赔偿损失，向受害者道歉，而且还会站在受害者的角度去理解他们的不悦和愤恨。但是，站在一个公正的旁观者角度去分析的话，这是用不着道歉、赔偿的。我们不应该去强迫一个过失者承担这种沉重的负担与责任。

·第三节·

情感不规律性的根本原因

当我们反对以结果作为评价标准去讨论品德的好与坏时，我们就会发现，其实我们自己是很难符合这种公正的格言的。

这种情感的不规律性，是神灵所赋予我们的。与此同时，它也赋予了人类幸福与完美。当一种行为的动机和意图、想法与目的能引起我们的厌恶和憎恨之情，即便没有造成什么结果，我们也会为此厌恨。这就是为什么每个法庭会成为一个公正的仲裁所的原因了。当那些清白、严谨、谨慎的行为不被大家所认同时，我们就会怀疑这种行为的意图和目的；当这些行为会让我们产生痛恨、厌恶之情时，它的目的和动机一定是充满邪恶的。正义法则的产生基础，正是人类这种关于优缺点的情感所具有的无规律性。然而世间万物并不是绝对的，即便是一个仁义、大度、智慧的人，也会隐藏着愚昧、软弱、无能的另一面。

人类所具有的这种情感的无规律性，往往会对我们的生活产生一定的作用和影响。这就是缺陷和不完美的产生原因。正如有些想帮助别人可是却没有成功的人，其良好的心愿并不是完整的。当一个内心充满善意、仁慈和慷慨正义的人为他的这种目的付出行动时，我们就会给予他尊敬和感激。当他的目的得以实现时，我们对他的这种赞许、肯定和崇敬、感激之情便会得到最充分的认可。如果他因某种原因，不幸没有达到这一目的时，那么我们的认可并不是最充分的，而在他的心里也会随之产生一种遗憾、懊悔之情。而另外一种情况是，如果他根本没有为这个目的付出努力和行动，那么我们就不会对他给予感激、报答。因为他未对我们做过什么，我们凭什么要去感激、报答他呢？所以我们就可以将此概括为，对于你一时的动机，只要你未付诸行动，那么，不管其好与坏，你都不应该因之得到奖赏或惩罚。

可是，我们需要注意的是另外一种情况，即如果一个人无意中犯了罪，那么，不管是对受害者还是肇事者来说，都是一种伤害与不幸。所以，当我们在关注自己幸福的时候，也要小心地提防和警告自己，不能做出伤害自己同胞的行为。如果不幸的灾难发生了，我们就应该理解、同情那些受害者（给予他们帮助和宽容）。一个内心充满仁慈、善良的人，不管自己的过失和疏忽会给别人带来多少的不幸与损失，他都会感到悔恨、自责和痛苦，而且还会赔偿损失并给予受害者更多的恩惠与帮助（虽然这种做法是自然的，却是极为不公平的）。正如一个行为严谨、清清白白的人在偶然情况下犯了错，他也应承担这个世界上最沉重的责任和罪孽。

虽然，这一切现象看来仅仅是体现了情感无规律性的变化，可是当一个不想去做坏事的人在不经意中犯下了错，他还是会得到宽容、理解、安慰与宽恕。而这时，他就要依靠那句正确而公正的格言（即我们应该得到的尊敬并不会因为我们无法预知和决定的结果而减少），在他心中聚集高尚无私的坚定意志，全力以赴地去纠正、完善人生的无规律性和努力去实现那些以前未能实现的目的，并努力纠正以前所犯的错误，从而得到别人的认可、肯定和赞赏。

卷三

自我评价的基础，兼论责任感

第一章

自我认同和不认同的原则

前两卷主要考察了我们评判他人感情和行为的出发点及基础，现在要重点考察我们进行自我评价时的出发点。

我们判断自己行为的依据，似乎与我们判断他人行为的原则相同。当我们设身处地地为别人着想时，能否充分同情导致这种行为的情感和动机，决定了能否赞同他人的行为。这也决定了当我们站在他人角度时能否赞同我们对他人的行为。如果我们不离开自己的立场，并在一定的距离外看待自己的情感和动机，我们就不能全面地审视它们，也不能做出任何判断。我们只有努力用他人的眼光来看待自己，或者采取他人可能会有的看法来看待这些情感和动机。所以我们做出的任何判断，都与他人的判断有某种联系，不论这种联系是实际存在的，还是出于我们的想象，或者仅仅是在某种情况下可能出现的。我们努力像个公正无私的旁观者那样考察自己的行为。如果我们置身于他人的立场，能够完全理解影响自己行为的所有情绪和起因，我们就会对想象中那位公正的法官表示认同，并赞同自己的行为，否则我们就要谴责这种行为，并对他的不满表示体谅。

如果一个人生长在与世隔绝的地方，从未与任何人打过交道，他不可能想到自己的品质、情感和行为有哪些优缺点，也不会想到自己的心灵是美好还是丑陋，就像他不会想到自己的外表长得是美还是丑一样。这些都是他不会注意，也很难理解。他没有一面把这些展现给自己看的镜子。一旦把他带入社会，他就立即得到了在此之前缺少的镜子。周围人的言行举止就是这面镜子，他们是否理解和赞同他的情感，都会有所反映。此时此地，他第一次看到自己的感情是否合宜，看到自己心灵的美和丑。这个一生下来就与世隔绝的人，现在正专注于给他带来快乐或悲伤的外界事物。外界事物所引起的情感、愿望，将全都展现在他面前，这些也是他从未思考过的。但这些情感不会引起他太大的兴趣，更不会引起他专心的思考。虽然思考这些情感的起因时常会给他带来快乐和悲伤，但是对快乐的思考不会给他带来新的快乐，对悲伤的思考也绝不会激起他新的悲伤。一旦进入社会，他所有的情感会立即引起新的情感。他会看到人们对他的感情表现出的赞同和反感。赞同使他受到鼓舞，反感让他感到沮丧。他的愿望和厌恶、快乐和悲伤，现在常常会引起新的愿望和厌恶、新的快乐和悲伤。因此，现在他会对这些情感感兴趣，并时常让他专注地思考。

我们对自身美丑的最初概念，不取决于自己的身体相貌，而是由别人引起的。我们很快就能感觉出别人对我们相同的评论。如果他们夸奖我们的相貌，我们会感到高兴；如果他们对此表现出厌恶，我们就会感到失望。我们很想知道自己的外表会得到何种评价，我们通过照镜子的办法，尽可能努力地与自己保持距离，以他人的眼光来看待自己，逐一审视自己的身体。经过这样的审视，如果我们对自己的外表感到满意，就会将别人最坏的评判置之不理，若我们觉得自己让人厌恶是理所应当，那么别人任何一点反感都会让我们觉得无地自容。一个外貌还算英俊的人，也许会容忍你嘲笑他的某个小缺陷，但对于一个外貌丑陋的人来说，这种玩笑会让他无法忍受。很明显，让我们焦虑不安的是我们的美丑对他人的影响。如果我们与社会没有联系，这些就完全不重要。

我们最开始的一些道德评论都是针对他人品行的，并且我们迫切想知道这些评论给自己带来的影响。但是不久之后我们就会认识到，别人对我们同样是直言不讳的。我们渴望了解自己会得到他们怎样的评价，以及是否一定要像他们对我们所表现的那样，表现出我们令人愉快或不愉快的样子。我们因此开始考虑，如果身处他们的情景中我们会有怎样的表现，以此来审视自己的情感和行为，思考自己应该如何向他们表现。我们假定自己是自身行为的旁观者，并且尽力想象这种行为给我们带来的影响。某种程度上这是我们能用别人的眼光来检查自身行为是否合理的唯一途径。如果这种观察使我们感到高兴，我们就会不在乎别人的赞扬，也不在意别人的指责。无论受到怎样的歪曲或误解，我们都有信心得到别人的称赞。如果我们对自己的行为心存疑惑，就会更加渴望获得别人的认同。如果别人说我们并非声名扫地，那别人的指责就会让我们感到更加迷惑和煎熬。

当我们努力审视自己的行为，尽力去判断，并对此做出评价时，我们仿佛把自己分成两个人，一个是作为检查者和评判者的旁人，另一个是接受检查和评判的行为者。作为旁观者的“我”尽力设身处地地看待我的行为，并且考虑当我从那个特殊的角度来观察自己行为时，会有怎样的情感。另一个作为行为者的“我”，实际上就是我自己，尽力以旁观者的身份对其行为做出评价。前者是评判者，后者是被评判者，这两者就像“原因”和“结果”一样，不可能完全一样。

和蔼可亲和成绩卓著都是品质崇高的美德，都应该得到我们的热爱和回报，而那些邪恶的品质都是令人讨厌和应该受到惩罚的。但所有这些品质都与他人的感情密切相关。美德之所以和蔼可亲与值得赞扬，不是因为它被我们热爱和感激，而是因为它在别人心中引起了那些感情。就像猜疑会引起罪恶的折磨一样，意识到美德能得到赞许和尊敬，必将会给我们的精神带来安宁和满足。受人爱戴并且知道自己值得被爱，是一种巨大的幸福。同样，被人憎恨并且知道自己罪有应得，则是一种巨大的不幸。

第二章

赞扬及值得赞扬的品质，谴责及理应谴责的品质

人生来就希望被人喜爱，而且希望自己是理应招人喜爱的；人生来就怕被人憎恨，而且害怕成为理应被憎恨的人。人不仅希望被人赞扬，而且希望在没有得到赞扬的时候，也确信自己是应该受到赞扬的人；人不仅害怕被人谴责，而且在没有受到谴责时，如果知道自己是应该被谴责的人，那么也会感觉害怕。

对值得赞扬的品质的热爱并不完全源自对赞扬的热爱。虽然这两个原则很相似，互有联系且常常混为一体，但在许多方面它们各自独立又互有区别。

那些品行为我们所赞同的人，我们自然对他们怀有热爱和敬佩。这也必然会让我们渴望得到同样令人愉快的感情，而且希望自己像那些人一样成为值得敬佩和亲近的人。急切的好胜心，源自我们对别人优点的敬佩。我们不可能满足于得到与别人同样的敬佩，我们相信至少自己跟别人一样，具有值得赞扬的品质。为了获得这种品质，我们必须努力成为一个公正的旁观者，用别人的眼光和态度来看待自己的品质和行为。观察的结果如果像我们所希望的那样，我们就感到快乐和满足。如果别人观察我们品行的眼光，和我们曾想象的一样，并且得出了跟我们相同的结论，我们这种快乐和满足就会增强。他们的认可坚定了我们的自我认同，他们的赞扬也坚定了我们的自我赞扬。热爱值得赞扬的品质，此时这种热爱不完全来

自对赞扬的热爱，至少在很大程度上，是来自对值得赞扬的品质的热爱。

当最真诚的赞扬不能证明某种值得赞扬的品质时，它就不可能给我们带来多大的快乐。由于误解和不明真相给予我们的尊敬和钦佩是不充分的，如果我们意识到自己并非如此被人热爱，真相大白之后人们带着截然不同的感情来看待我们，我们的满足就不完美。如果别人对我们从未实现的行为或与行为无关的动机进行称赞，那么他就是在为别人而称赞我们，我们不可能为此感到满意。这些称赞比任何责难更让我们感到耻辱，使我们不断反省。这种反省是我们应该具备却最为缺少的能力。可以想象一下，面对一个涂脂抹粉的女人，恭维她的肤色只能满足她的一点虚荣心。这种恭维更多的是让她想到自己真正的肤色所应得的评价，相比之下她会深感羞愧。为这种毫无根据的赞美感到高兴，只能证明内心的浅薄和空虚，这就是虚荣心。它造成了那些极其荒谬卑劣的恶习，也造成了虚伪庸俗的谎言。如果经验没有使我们认识到这些是多么粗俗低劣，我们最起码的庸俗感也会把我们从这个虚荣的深渊中救出来。愚蠢的说谎者，竭力编造出一套子虚乌有的冒险故事；自命不凡的花花公子，摆出一副他自知配不上的高贵架子，他们无疑都是在自己幻想的赞扬中陶醉。他们的虚荣心来自一种幻想，任何一个有理性的人都不会上当。如果他们换位思考，置身于自己曾骗过的那些人中，就会为自己受过这么高的赞美而震惊。他们用朋友们实际上看待他们的那种眼光，而不是用他们应该在朋友面前表露的那种眼光来看待自己。他们浅薄的弱点和轻浮的愚蠢，总是妨碍他们反省自己。如果他们意识到自己会在众人面前露馅，那他们就会用那种卑劣的观点看待自己，让事实大白于天下。

不知真相和毫无根据的赞扬不可能让我们感到实实在在的快乐，也不可能产生经得起考验的满足感。如果我们没有得到赞扬却在各方面都应当被称赞，按照通常的标准也一定会被赞扬的时候，我们会感到真正的安慰。我们不仅为赞扬感到高兴，也为值得赞扬的行为感到快乐。虽然实际上我们没有得到任何赞扬，但想到自己理应得到别人的赞扬，还是会觉得愉快。有时别人并没有责备我们，但我们反省到自己理应被责备，就会感到惭愧。如果一个人意识到自己的行为已经恰如其分地遵守了公众普遍认可的标准，他在思考自己行为的适宜性时就会深感满意。当他站在旁观者的立场，公正地看待这些行为时，他完全能够理解影响行为的全部动机。他带着满足和喜悦，回顾行为的每一个细节。即使人们对他一无所知，他也不在意，因为此时他用来看待自己的并不是人们对他的实际看法，而是人们在充分了解他之后可能产生的眼光。此时他期待着人们的赞美，并带着相同的感情自我称赞。他知道自己的行为引起这样的结果是自然而然的，他在想象中把它们紧密联系在一起，并习惯性地认为这种行为理应会带来这样的感情。人们不惜抛弃生命去追求声誉，哪怕死后再也不能享受荣誉带来的快乐。他们幻想着那些终将属于自己的荣誉，耳边回响着永远不会听到的赞许，心中充满了永远不可能感受到的赞美。这些想象驱散了他们的恐惧感，让他们常常做出超越人性的壮举。我们永远无法获得赞美，是因为世人没有准确地了解我们行为的真相和价值。实际上，我们失去获得的赞美和我们永远无法得到赞美并没有多少区别。前一种产生的影响如此强烈，对后者的高度重视我们也就无须感到奇怪了。

倘若人只渴望得到同胞的赞同，厌恶他们的不赞同，就无法适应社会的生存。因此人们不仅渴望得到别人的赞同，而且渴望自己具有值得别人赞同的品质，或能够在人群中自我赞同。前一种愿望能使人们希望在表面上适应社会，后一种愿望才能让人们渴望真正地适应社会。前者只能使人们假仁假义、隐瞒罪恶，后者才能使人们真正地热爱美德、痛恨邪恶。后一种愿望对任何一个健全的心灵似乎更为强烈。只有软弱浅薄的人，才会对那种自知完全配不上的称赞感到高兴和得意，但明智的人无论何时都会抵制这种赞扬。虽然明智的人很少因为自己不值得被赞扬而感到愉快，但当他知道自己所做的事应该被赞扬，却无法得到赞扬的时候，他也会感到莫大的快乐。他从来不把不该得到赞扬的事情受到赞扬当作值得追求的目标。在值得赞扬的情况下得到人们的赞扬，对他也不太重要。成为那种值得赞扬的人才是他追求的最终目标。

卑劣的虚荣心才会让人们渴望甚至接受不应该得到的赞扬。在理应得到赞扬的情况下，我们不过是渴望一种最基本的公正待遇。在智者看来，热爱良好而真实的声誉，不贪图从中可能得到的好处，也没什么错。但有时他忽略甚至对这一切不屑一顾，当然，除非他完全确信自己所有的言行没有任何不当，否则他不会轻易这样做。他的自我认同无须别人的认同来支持，这种自我赞同，即使不是他的全部目标，也是他的主要目标。对这个目标的热爱就是对美德的热爱。

我们会对一些品质怀有喜爱和赞美之情，我们也愿意得到这种令人欢悦的情感。我们会对另一些品质怀有痛恨和蔑视之情，更害怕自己具有类似的品质。比起别人对我们的痛恨和蔑视，我们觉得自己可恨、可鄙的想法更让我们恐惧。即使别人向我们保证不会对我们报以痛恨和蔑视，但我们也会为自己的所作所为感到不安，怕这些行为会引起他们同样的情感。如果一个人的行为破坏了那些受人欢迎的准则，无论怎样保证不会有人知道他的所作所为，也毫无效果。当他以一个旁观者的角度来审视自己以往的行为时，他会感到无比的惶恐和惭愧。如果他的行为已经家喻户晓，他一定会为此感到极大的耻辱。此时若他想在精神上逃脱人们的嘲讽和蔑视，那么只能对周围的一切视而不见。如果周围的人曾对他表现出嘲讽和蔑视，他就会觉得自己理应遭此报应，并且一想到这种折磨就倍感恐惧。如果他的行为不仅仅是招致非议的小小错误，而是激起众人巨大憎恨的罪行，那么他在理智地思考自己的行为时，就会感到极度的恐惧和悔恨。虽然人们可能对他保证不会有人知道他的罪行，甚至他也深信上帝不会给予他惩罚，但他仍会觉得自己理应受到所有人的憎恨，这些悔恨和恐惧将伴他一生。如果他还没有习惯犯罪，心灵也没有变得冷漠麻木的话，他一定会畏惧和惊恐地想到，当真相被揭晓，人们对他的态度、表情和目光。这个自知有罪的人会感到极大的痛苦，就像有魔鬼或复仇女神纠缠一样，他的一生都将备受煎熬。即使他自信能隐瞒罪行，即使他根本不相信宗教，绝望颓废和心烦意乱也使他难以解脱。只有那些极端卑劣无耻的人，那些对美誉和臭名、美德和恶行完全无动于衷的人，才能免受这种折磨。那些在犯下弥天大罪之后，还想方设法为自己开脱，有时迫于自己的处境而主动揭发同胞秘密的人，是极为卑鄙且极为令人憎恨的。他们知道自己的罪行，慑服于那些他们冒犯过的同胞的愤恨，也饱尝了那种罪有应得的报复，所以他们设想以死来平息人们的愤怒，弥补自己的罪行，减轻别人对自己的憎恨，希望自己能够令人同情而不是那么让人痛恨。让他们平静地死去，并得到全人类的宽恕，这些想法与他们在揭发自己罪行前的畏惧和惊恐相比，似乎是让人高兴的。

那些性格并非脆弱、敏感的人们，此时害怕受到责备的恐惧大于他人的责备所真实带来的恐惧。为了缓解这种恐惧，抚慰自己良心的自责，他们会心甘情愿地接受惩罚和谴责，即使可以避免，他们也会觉得自己是罪有应得。

为那种自知配不上的赞扬而得意高兴的人，是最轻浮浅薄的。即使意志坚定的人也常会为无中生有的指责感到屈辱，对那些经常在社会上传播的流言蜚语，他们很容易学会嗤之以鼻，因为这些荒谬的传闻必然会在几周甚至几天之内销声匿迹。但一个清白无辜的人，不管他有何等坚定的意志，面对一个虚假且罪名重大的诋毁仍会感到震惊和耻辱，当这种诋毁碰巧和一些能够引为佐证的事情一起发生时，更是如此。他会屈辱地发现，人们都鄙视他的人格，猜测他真的犯下这些罪行。虽然他坚信自己的清白，但这些诋毁还是使他的名誉蒙受损失，甚至连他自己也这样想。他对此产生的严重伤害不应该甚至不能予以还击，由此产生的义愤也是一种极其痛苦的感受。没有什么心情比这种不能平息的强烈怨恨更让人痛苦的。遭人诬陷或者被人诋毁犯有重大罪行而被人送上绞刑架，这是一个清白无辜的人可能遭受的最大不幸，此时他比那些罪犯更为痛苦。恶贼和劫匪恣意犯罪时，很少意识到自己的恶劣行为，更不会心生悔意。他们把上绞刑架看成是自己的命运，根本不在意这种惩罚是否公正。当这命运降临时，他们只好听天由命，觉得自己不如同伙那么幸运。除了害怕死亡之外，他们不会有其他的不安。这些卑微的可怜虫甚至能轻易战胜这种恐惧。但清白无辜的人因自己遭受了不公的惩罚而产生的愤怒和痛苦，远远大于那种恐惧带来的不安。他惊恐这种惩罚给他带来的骂名，他想到他的亲友不会怀着遗憾和深情回忆他，而是怀着羞愧甚至恐惧来回忆他那些无中生有的罪行时，他就会极为惶恐。一种比平常更加令人窒息的黑暗和忧郁向他靠近。为了人类的安宁，人们希望这种不幸的意外事故在所有国家都尽可能少地发生，可它们却时常出现，虽然很多时候正义占上风，但也不能幸免。

遭受这种不幸的人，局限于现世的卑下人生观，使他们不能得到什么安慰。他们已不能再让自己的生命或死亡变得崇高，他们被判死刑且留下千古骂名。能给予他们安慰的只有宗教，宗教可以告诉他们，当洞察一切的上帝对他们的行为表示赞同时，则不用在意人们对他们的看法。只有宗教能让他们看到一个更光明公正和富有人性的世界。在那里，适当的时候会宣布他们是清白无辜的，他们的美德终将会得到报答。这个伟大的法则，会让愚蠢自得的罪人感到惶恐不安，从而给蒙受冤屈的无辜者带来唯一有效的安慰。

一个敏感的人也许不会因犯下的罪行而受到伤害，却会因不公的诽谤而受到伤害。一个风流成性的女子，对社会上关于她颇有根据的传闻置之一笑。但这样的流言对一个清白的处女来说却成为一种道德上的伤害。我认为可以把这些归结成一种普遍的规律：有意犯下罪行的人很少会觉得这不光彩，而习惯于犯罪的人则几乎不会为此感到羞耻。

任何人，甚至智力水平较低的人都毫不犹豫地鄙视不应得到的称赞，而为何无中生有的指责却常常让人感到莫大的屈辱呢？这种情况的产生，值得我们做进一步的探讨。

我曾说过，大部分情况下，痛苦都比对立或相应的快乐更具刺激性。快乐经常带给我们高于正常或自然感觉下的幸福状态，而痛苦几乎总是让我们低于正常状态。一个敏感的人也许不会因赞美而得意，但容易因公正的指责而感到羞愧。一个明智的人在任何时候都会不屑地拒绝不应得到的称赞，但常常为了子虚乌有的指责而愤怒，为自己从未做过的事得到称赞而不安，为僭取不属于他的优点而有愧，他觉得自己不应接受那些出于误解的赞美，而应该得到他们的鄙视。当他发现，很多人认为他可能做过那些他未曾做过的事情，也许会感到某种快乐。他会对朋友们的好评表示感谢，但还是觉得自己应该消除他们的误解，否则自己就是一个品质低劣的人。如果他想到别人在知道真相后可能对他另眼相待，这时再用他们曾经看他的眼光来看待自己，就会失去很多快乐。软弱的人经常用那种自欺的态度来看待自己，并且为之得意。他僭取人们对他的称赞，并吹嘘自己还有很多不为人知的优点，他将自己从未做过的事情、别人的作品和发明都据为己有，从而犯下了剽窃和制造谎言的罪行。

一个资质平庸的人不会因自己从未做过的事情被别人赞美，而感到多大的快乐。一个理智的人却会因为无中生有的罪行错归于自己而感到痛苦万分。人可以不去追求荒唐愚蠢的快乐，却无法因此摆脱痛苦。没有人会怀疑他拒绝不属于自身优点时的诚实，但如果他否认加在自己身上的罪名，就会被别人质疑。这种诋毁让他愤怒，看到人们相信这种诬陷时更让他难过。他觉得自己的品质并不能保证他免受诬陷，他感到别人对他另眼相看，认为对他的指控有可能属实。他坚信自己是清白无辜的，但几乎没有人能够理解他的行为。他特有的心理状态可能会引起的行为，或多或少都会被人怀疑。没有什么比亲朋好友的信任和好评更能帮助他战胜被人怀疑的痛苦，相反，他们的怀疑和非议会让他难以忍受。他可能会充满信心地认为他们那些令人难过的看法是出于误解，但这难以克服那些非议给他带来的影响。总之，他越细腻敏感，越有能力，这种影响就越大。

我们应该注意到，不管何种情况，别人的情感和判断与我们自己是否一致，取决于我们对自己情感和判断的恰当把握。

有时候，一个敏感的人会担心自己在高尚的情操上也会放纵而为，或者害怕为自己和朋友受到的伤害表现得太过不满。他怕自己会因情绪激动而感情用事，因主持正义而给别人造成伤害。那些人虽不是清白无辜，但也非他最初了解的那般罪不可赦。此时别人的看法对他来说非常重要，他们的赞同是他最有效的安慰，他们的反对则使他越发不安。如果他对自己的行为完全有所把握，那么别人的判断对他而言就无须在意了。

一些非常高雅美好的艺术，需要极高的鉴赏力才能理解其中的含义，但是在某些方面，鉴赏的结果并不相同。还有一些艺术，它们经得起充分的论证和令人满意的检验。这两者相互比较，显然前者更需要公众的评判。

具有高超的鉴赏力才能体会诗歌的优美，年轻的初学者很难体会。因此朋友和公众的好评让他更加喜出望外，糟糕的评价让他深感羞愧。前者让他对自己充满信心，后者让他感觉气馁。在获得经验和成就之后，会增加他进行自我判断的信心，但公众的批评总会给他带来深深的耻辱。拉辛因为自己的悲剧《菲尔德》反响平平而深感不满，即使正处在创作的巅峰时期也决定不再写剧本。这位伟大的诗人常常对他的孩子说：“毫无根据和错误的评论给他带来的痛苦高于最为诚恳的赞颂。”众所周知，伏尔泰也对那些微小的指责甚为敏感。蒲柏先生的不朽名著《邓西阿德》可以和所有最优美和谐的英国诗歌相媲美，但是却受累于最卑劣的作家们的批评。据说格雷因自己最好的两首诗遭到别人拙劣的模仿，以致他想要从此搁笔。那些自诩才华横溢的文人，敏感性甚至接近于这些诗人。

数学家怀着十足的自信来看待自己的发现，肯定它们的真实性和重要性，因此他们毫不在意别人如何看待。格拉斯哥大学的罗伯特·西姆森博士和爱丁堡大学的马修·斯图尔特博士，是我认识的两位伟大的数学家。他们从来不因无知者忽视他们最有价值的著作而不满。据说，艾萨克·牛顿爵士的伟大著作《自然哲学的数学原理》被人们冷落很多年，但这丝毫没有影响这位伟人的平静。自然哲学家们跟数学家一样，他们对自己的发现和知识的价值充满自信、毫不动摇，不会因公众的评价而束缚自己。

大概各类不同文化人的道德品质，多少是因为他们与公众的关系不同而导致的。数学家和自然哲学家们由于不受公众评价的制约，很少会拉帮结派地抬高自己，贬低别人。他们通常彼此和睦相处，相互尊重，不会使用卑劣的手段获得公众的赞扬。当著作受人追捧时他们高兴，受到冷遇时也不会愤愤不平。诗人和那些虚荣的文人们却乐于拉帮结派，明争暗斗。他们运用各种卑劣的阴谋诡计力图把公众拉到自己这边，同时不遗余力地攻击对手和仇人。

当我们没有信心评价自己的优点时，就会渴望了解别人对我们的评价，并希望得到好评。别人的好评会让我们欢欣鼓舞，而受到别人的恶评则会倍感沮丧，但这还不足以让我们去拉帮结派、钩心斗角。一个人为了胜诉而贿赂所有法官，却不能让他相信自己胜之有理。如果他是为了证明自己有理而进行诉讼，那他就绝不会去贿赂法官。赞扬也一样，如果我们并不在乎别人的赞扬，只想证明我们值得被人赞扬，我们就不会为此不择手段。虽然赞扬对于聪明人来说，在受到怀疑的时候能够证明他们具有值得赞扬的品质，但赞扬本身此刻是无足轻重的。我们不能把他们称为聪明人，因为此刻他们也许会为了逃避责任而不择手段地赢得赞扬。

他人用赞扬和谴责表达了对我们品行的实际感觉，值得赞扬和应被谴责是他人对我们品行的自然情感。热爱赞扬就是希望获得他人好感，而热爱值得赞扬的品质就是希望自己成为理应被赞扬的人，这是两种相似的天性。对于谴责和理应被谴责的畏惧，也是如此。

如果有人做出了某种值得赞扬的行为或者想做出这种行为，他同样希望得到应有的甚至更多的赞扬。此时这两种天性混为一体，连他也难以分辨自己的行为到底受哪种影响，别人就更加分辨不清了。那些企图贬低他的人将其归结为虚荣心，那些愿意考虑他优点的人，则将其归结为热爱值得赞扬的品质，热爱人类真正高尚的行为，以及对获得和应该获得他人称赞的渴望。旁观者对他的行为进行观察之后产生的好恶，按照自己的思考习惯把这些行为的优点想成不同的样子。

很少有人认为自己已经具有为自己所钦佩同时也让他人钦佩的品质。除非人们公认他已经两者兼备，或者他们已经获得别人给予这两者的称赞，否则即使他已经做出这样的行为，也难以感到心满意足。但人与人之间的差别巨大，一些人当他们自以为已经充分证明自己具有值得被赞扬的品质时，却似乎对赞扬毫无兴趣。而另外一些人则似乎不在乎值得赞扬的品质，只关心赞扬。

人们不会因为自己的行为没有受任何责备而感到满意，除非他实际上也避免了责备或非议。一个智者常常不在意他理应受到的赞扬，但是每到紧要时刻，他都小心翼翼地控制自己的行为，这不仅避免了该受责备的错误，也避免了可能遭受的非议。如果他做了理应被指责的事，却没有担起应尽的职责，或没有抓住机会做自己认为值得赞扬的事情，他就必然会受到责备。一旦考虑到这些他就会极为谨慎地避免责难，在做出值得赞扬的行为时不显露出对赞扬的渴望。虽然看上去像是一种软弱的表现，但希望避免责难的念头并不软弱，这种谨慎是非常值得赞扬的。

西塞罗说："很多人蔑视荣誉，但又因为不公正的指责而感到极大的屈辱，这是非常矛盾的。"可是这种矛盾似乎永远根植在人性的原则之中。

上帝用这种方式教导人们尊重他人的情感和判断，人们如果赞同他的行为，他就会感到高兴；而人们如果反对他的行为，就会使他感到不快。上帝让人变成人类的审判者。同其他方面一样，上帝此时按照自己的设想来造人，并指定他作为自己在人间的代表，监督人类的行为。人的天性让他们承认这种上天赋予的权利，在遭到责难时感到屈辱，在获得称赞时感到得意。

虽然人是人类的审判者，但这只在一审时才有效，最终的判决还要求助于他们自己良心的法庭，那个人们在心目中设想的，有着伟大审判官和公正无私的旁观者的法庭。这两种法庭的审判建立在某些相似的原则上，但实际上还是有所区别。外部的裁决权完全依靠对现实的赞扬、谴责、渴望和厌恶。内心的裁决权则依靠对值得赞扬的渴望，或者对应该谴责的厌恶。我们热爱别人具有的某些品质，称赞别人的某些行为，我们也渴望自己能有这样的品质和行为。如果别人具有的某种行为遭到我们的憎恨，受到我们的责备，我们就会恐惧自身会有类似的品质和行为。倘若外部的审判者称赞我们从未做过的行为，或者称赞与我们行为无关的动机，内心的审判者就会告诉我们是否应当接受称赞。接受会让我们变成卑劣虚荣的人，于是我们克制自己，不会因这样不适的称赞而自鸣得意。如果外部的审判者对我们进行子虚乌有的指责，或者误解我们与行动无关的动机，内心的审判者就会马上纠正这个审判，我们坚信自己不应该遭受不公的指责。可是很多情况下，内心的审判者常被外界的非议、喧嚷而迷惑。有时指责伴随着激烈的言行劈头盖脸地打向我们，让我们的感觉变得麻木迟缓，几乎丧失了对美和丑的判断。也许内心的判断不会有丝毫的改变，但它的可靠性与坚定性已经大为降低，于是我们内心的平衡和宁静被破坏。当我们面对他人的谴责时，我们几乎不敢原谅自己。如果所有的外部旁观者立场一致，而且情绪强烈地反对我们，那我们在心中设想的那个公正的旁观者，也只是怀着犹豫和恐惧的心情支持我们。这个心中的审判者就会像史诗描绘的那样，既有神的血统，也有人的血统。当他坚定不移地判断和引导内心对美和丑的感觉时，就像神一样行事。当他一旦被愚昧无知和立场不坚定的人弄得惊慌失措时，就暴露出他人性的血统已经压倒了神性，同人一样的行事。

此时那个情绪消极、内心痛苦的人只能向宇宙最高法庭的审判者寻求安慰。因为这个审判者能洞察一切，从来不会做出错误的判决。适当的时候，这个伟大的法官会宣布它的清白，这是他绝望的心灵唯一的依靠。在他惶恐不安时，是天性让他认为这个伟大的法官不仅保护他的清白，也会保护他内心的平静。很多时候，我们把自己今生的幸福寄托在对来世的希望和期待中，只有这样才能支撑人性的尊严和崇高的理想，才能把人类阴郁的前景点亮，并让我们在此生的大灾大难中保持乐观。在那里，任何人都能得到公正的待遇，每个人都将与和自己道德、智力类似的人为伍。那些谦逊高尚的人，今生未曾有机会展示自己，不仅世人和他们自己对此缺乏了解和信心，甚至内心的裁判者也不敢明确地支持他们。在来世，他们那些不为人知的优点，克己谦虚的美德，将在那里得到适宜的评价，有时甚至会超过在今世享有盛誉的人。这样的世界终会到来。这样的信念对于软弱的心灵来说，会激起他们无限的憧憬和热爱，即使明智的人对此报以怀疑，也会陷入虔诚的期望中。除非有人告诉我们，在来世，报答和惩罚的分配常常与我们所有的道德感情直接冲突，否则渎神者绝不会嘲笑这种信念。

很多德高望重的老臣满腹牢骚地抱怨说，“在凡尔赛宫或圣·詹姆斯宫拍一次马屁，顶得上在德国或佛兰德斯打两场胜仗。”忠厚的臣子不见得比阿谀奉承的人更得宠，汗马功劳也不一定比溜须拍马更容易得到升职。这种对世俗君主的抱怨和指责源于神性的完美，对职责的忠诚，源于社会和个人对神的崇拜，甚至被德才兼备的人描述成唯一免于惩罚或给予回报的美德。也许这种美德是他们的主要长处，与他们的地位极其相称，但我们都容易高估自己的优点。雄辩而智慧的马西隆在为卡迪耐军团的军旗祝福而作的讲演中说道：“先生们，你们最可悲的处境就是生活的艰难困苦，那里的服务和职责有时比修道院严格的苦修还要艰苦。你们总是苦于今生的徒劳无功和来世的虚无缥缈。苦行僧在陋室中克制肉体的欲望以服从精神的追求，他之所以能够坚持，是因为他坚信一定能得到回报，并会得到上帝减轻惩罚的恩典。你们临终时会大胆地向上帝诉说你们工作的艰辛吗？会向他恳求回报吗？你们觉得上帝会肯定你们的全部努力和你们对自己的全部克制吗？你们把一生中最好的时光献给了自己的职业，十年的服务对你们身体的损害可能胜于一生的悔恨和羞辱。我的弟兄们！为了上帝，哪怕仅仅经受一天这样的辛苦，也会给你们带来永世的幸福。如果一件事是为上帝做的，哪怕它再令人痛苦，也会让你们得到圣者的称号。可是你们所做的一切，在今世却得不到任何回报。”

把修道院徒劳的苦修和战争中高贵的艰险相比，宗教家认为在上帝眼中，修道院里的苦行比戎马一生的光荣具有更大的功绩，这肯定是与我们所有的道德情感相冲突的，也违背了我们在天性指导下赖以控制自己的轻蔑和敬佩的全部原则。但正是这种精神把天国留给了修士和僧侣们，同时让古往今来的所有英雄、政治家、立法者、诗人和哲学家们，为人类的延续和科技的进步做出更多的发明创造和贡献。人类那些伟大的保护者、指导者和造福者，那些我们在直觉驱使下将其视为品德最为高尚的人，皆将下地狱。这个最值得尊重的信念被荒唐地滥用，不时受到嘲讽和轻视，这对于那些不热爱虔诚祈祷的人来说，并不值得惊讶。

第三章
良心的影响和权威

虽然在特殊的情况下，良心的支持不能使软弱的人感到满足。那个想象中与他们的心意相通的旁观者，不能完全支撑他们的信心。但任何时候良心的影响和权威都是不可忽视的，只有在这个内心法官的指引下，我们才能真正看清与自己相关的事情，才能恰如其分地处理自己与他人的利益。

人性中那些自私的情感，会让我们把自己的微薄利益看得比他人的最高利益还重要。切身利益使得我们的喜怒哀乐都更为强烈，从自身的利益出发，绝不可能把他人的利益看得跟我们自己的一样重要，我们甚至不惜损人利己。我们必须转换自己的立场才能公正地处理这两种对立的利益关系。我们只能采取第三者的立场和眼光来看待这个问题，这个第三者必须与我们毫无关系，它的看法不会偏袒任何一方。我们能够根据习惯和经验轻而易举地做到这一点，甚至下意识地完成它。此时如果正义感不能纠正我们天性中的不公之处，而我们要想认识到自己对我们关系最为紧密的邻人是多么的冷漠，就需要反思，甚至需要哲学的思考。

一个有良心的人，如果见过那些遭受灾难的人，会为了免除自己的小灾难而牺牲他们的生命吗？人类的良心对这种想法感到惊诧，因为一个世界如何腐败堕落也不会有这样的恶棍。但是为何会产生这种差别？当我们消极的时候如此卑鄙自私，当我们积极的时候又怎会如此慷慨崇高呢？我们对他人的利益漠不关心，只在乎自己的利益。可为何普通人在有些时候，高尚的人在任何时候，都会为了他人更大的利益而做出牺牲呢？这不是人性温和的力量，也不是上帝在人心中点燃的仁慈火光，这只能抑制最强烈的私欲。它是此时出现的一种强大力量，一种更为有力的动机。它是理性、道义、良心，它是判断我们内心行为的伟大法官。我们的行为即将威胁到他人幸福时，它的声音震慑我们心中最剧烈的冲动。它对我们高呼："我们无非是万物中的一员，绝不高人一等。如果我们盲目自大，必将被人仇视和憎恨。"只有它让我们知道我们在意的私利微不足道，而且只有用旁观者公正的眼光才能纠正我们的心理上的自私和扭曲。

它告诉我们，慷慨是合乎情理的行为，而违背正义的行为则是丑陋的。为了他人更大的利益而做出自我牺牲是正确的；为了自己最大的好处而伤害别人是丑陋的。很多时候我们按照神性的美德去行动，并不是因为对邻人的爱，也不是对人类的爱。此时我们产生一种更强烈的爱，一种更有力的感情，一种光荣而崇高的爱，一种伟大和尊严的爱，一种对自己优秀品质的爱。

当我们能够决定他人的幸福或不幸时，我们不敢按照自私心理的指使，使个人的利益高于他人的利益。内心那个人会提醒我们：过于看重自己而轻视别人，会招来他人的蔑视和愤怒。品德高尚的人不会为这种情感所左右。每一个优秀的军人知道，当战友们认为他会在危险面前退缩，或者在需要他尽军人之职，甚至要为国捐躯时犹豫不前，他就会遭到战友们的轻视。

人绝不应该把自己看得比他人重要，即使对他人的伤害可能远远小于自己的利益，也绝不可以损人利己。穷人不应该诈骗、偷窃富人的东西，即使赃物给穷人带来的利益比富人丢失的损失更大。此时内心的那个人会立即告诉他：他并不比他的邻居重要，因为他违背了人类社会和平安全的神圣法则，他的私心必将遭到人们的蔑视和惩罚。正直的人也许不害怕遭受突然而至的重大灾难，却害怕这种行为成为他心灵上无法抹去的污点，使他的内心蒙受耻辱。"对一个人来说，用不正当的手段夺取另一个人的东西，或将自己的利益建立在他人的损失之上，要比由于肉体或外界原因造成的死亡、贫穷、痛苦和所有的不幸，更加违背他的天性。”这条伟大的斯多葛主义的格言所表达的真理正根植于他心中。

如果别人的幸福和不幸与我们的行为无关，如果我们彼此的利益毫无冲突和关联，我们就不会总认为我们有必要压抑自己的天性，压抑自己的自私心理以及对他人的冷漠态度。常规的教育让我们在所有重大场合按照人际关系中的公平原则行事，甚至平常的世界贸易也可以调整我们的行为准则，使我们的行为达到某种程度的和谐。据说只有依靠精雕细琢的教育和严谨深奥的哲学才能纠正我们消极情感中的错误。

有两类不同的哲学家试图向我们讲授这最难理解的道德课程。一类试图增强我们对他人利益的关心，另一类试图减少我们对自身利益的重视。前者让我们像关心自己一样去关心别人，而后者让我们像天生冷漠一样去漠视自己。这两者都远远超出了恰当的正确标准。

前者是一些悲观消沉的道德学家，他们不停地指责我们在众多同胞处于不幸时还能愉快地生活。那些可怜的人面临着种种煎熬，时时刻刻忍受疾病和贫穷的折磨，而我们竟然对他们在死亡线上地挣扎视而不见，满怀喜悦地为自己感到庆幸，这在他们看来是邪恶的。即使我们从未耳闻目睹，也应该确信这些同胞在遭受折磨，我们应该对他们产生怜悯，并且压抑自己因为幸运而带来的快乐，并表现出我们的同情。但是对自己一无所知的灾难表示过分的同情是有悖常理的。全世界平均有一个人遭受不幸和苦难，就会有二十个人春风得意，或者处境平常。这种装腔作势的怜悯不仅荒唐，甚至难以做到。那些表面上做到的人，只是善于矫揉造作和故作多情的悲痛。这种悲痛不具备打动人心的品质，只会让人们的交流和神情变得阴沉和不愉快。即使这种心愿能够实现，也只能让抱有这种心愿的人感到痛苦。无论我们怎样关心那些跟自己素昧平生的人，对他们都毫无益处。关心那些远不可及的世界，只是自寻烦恼而已。

所有的人，包括那些离我们最远的人，都有资格得到我们美好的祝福，我们也会给他们衷心的祝福，但我们没有必要为他们的不幸折磨自己。对于那些与我们毫无关联的人，我们的关心只能是有限的。我们本来的天性如果在这方面有所改变，我们也不会得到什么好处。

我们对成功者的快乐不予以同情很容易，只要没有妒忌的妨碍，我们就会对成功者好感倍增。那些指责我们对不幸者缺乏同情心的道德学家们，也指责我们对幸运者、富豪和权贵轻率地表示崇拜。

另一类道德学家则试图减弱我们对自身利益的关心，纠正我们消极情感中天生的不平等，古代所有的哲学派别都是这样，尤其是斯多葛学派。

根据斯多葛学派的理论，我们应该把自己看成一个庞大世界中的一员，而不是离群索居成为孤立的人。我们应该时刻为了集体利益而牺牲自己的小利。我们对集体的关心应该超过对自己私事的关心。我们应该用世界上其他公民看待我们的那种眼光来看待自己，而不是用自私心理造成的那种眼光。我们应该像邻人一样看待我们自己的事情。埃皮克提图说："当我们的邻人失去妻儿时，任何人都认为这是一种人世间的灾难，是一种完全符合自然规律的事件。可当同样的事情发生在自己身上时，我们就会悲恸失声，仿佛遭受了最可怕的不幸。但我们应该记住，这个偶然事故发生在他人身上时我们所采取的态度，当我们在同样的情况下，也应该这样对待我们自己。"

我们的情感对两种人的不幸容易超出适当的范围。一种是与我们特别亲近的人遭受的不幸，比如我们的父母、孩子、兄弟姐妹或最亲密的朋友等，这种不幸会间接影响到我们。另一种不幸，诸如疼痛、疾病、即将到来的死亡、贫穷、耻辱等等，将直接影响到我们的肉体、命运或者名誉。

前一种不幸会使我们的情绪超过正常范围，但它们也不一定经常达到这种程度。一个对自己父亲或者儿子的死亡或痛苦无动于衷的人，显然不是一个好儿子、好父亲。我们怀着强烈的不满，坚决反对这种有悖人性的冷漠态度。但在家庭情感中总有一些过分或不足让人感到不快。绝大部分人，甚至所有的人对儿女的爱大大超过对父母的孝心。因为血脉的延续是靠儿女而非父母，儿女的生活和安全有赖于父母的关怀，但为人父母者很少依靠子女。上帝让父母之爱变得强烈，这种情感无须激励而需要抑制。相比对待别人的子女，我们会给予自己的子女更多不合适的偏爱，于是道德家极少会教我们如何疼爱他们，常常劝我们克制对自己子女的溺爱和过分关心。但他们时常告诫我们要真情实意地赡养自己的父母，在他们年迈时努力回报他们的养育之恩。基督教的“十诫”要求人们尊敬自己的父母，却没有提到对子女的热爱，因为上帝早已安排好人们如何履行后一种责任。人们很少指责别人对子女的溺爱没有看上去的那么强烈，却常常怀疑别人孝敬父母是装模作样。同样，人们对寡妇夸张的悲痛表示怀疑，但如果能够让我们相信她的真诚，我们也会表示尊重。以上那些事例可以证明，我们也许不完全赞同这种夸张的感情，但也不会给予严厉的指责，甚至在那些装模作样的人眼中是值得称赞的。

虽然我们应该责备那些超过适当范围的感情，但这种感情最多只是让我们感觉不快，并不至于让人厌恶。我们责备父母对子女过分的溺爱，是因为这些最终对他们都没有益处。但是我们很容易理解并原谅这种感情，更不会对之报以厌恶和憎恨。如果有人缺乏对子女的爱，反倒让人觉得可恶。如果一个人在任何时候对自己的子女过分严厉苛刻，毫无温情，那他就像残暴的君主一样可恶至极。当我们最亲近的人遭受不幸，竭力压制自己超乎寻常的感情并不正确，而缺乏那种感情更让人难以接受。在这样的情境中，冷漠的斯多葛学派用一切形而上学的诡辩来维护这种观点，但这除了将纨绔子弟的冷酷心肠扩充十倍，让他变得更加傲慢骄横以外，别无用处。

对别人的不幸怀有合理的同情，这并不会让我们忽视自己的责任。对亡友深情的回忆也没什么不好，虽然同情看上去与痛苦和悲伤类似，但实质上是美德和自我肯定的高尚品质。

那些直接影响我们的身体、命运或名誉的不幸则完全不同，我们感情的过分外露比冷漠显得更不恰当。只有在极少数情况下，我们才能够非常接近斯多葛学派的冷漠无情。

我们很少同情因肉体而产生的情绪。偶然原因导致的身体疼痛，或许能引起旁观者感同身受的痛苦，垂死的邻居也会让旁观者深感悲哀，但这并不能说明旁观者的感受同当事者一样深切，所以当事者绝不能因为旁观者的泰然自若而感到不快。

物质的贫穷并不能引起多少怜悯，为此怨声载道的人也容易让人瞧不起。在乞丐的纠缠下我们也许会施舍给他一些财物，但不会认为他值得怜悯。从富裕到贫穷，常常让人饱尝艰辛，所以容易引起旁观者真挚的同情。虽然在现今社会，遭受这种不幸的人大多是因为自己不争气，但我们也许很容易原谅他的这些弱点。人们同情并愿意帮助他渡过难关，依靠朋友的慷慨和债权人的宽容，他多少都能得到一些资助。人们钦佩和赞同那些自强不息的人，因为他们不会因地位的改变而自暴自弃，也不会因财富的减少而意志消沉，他们在逆境中仍然保持乐观，按照自己的品行来进行自我评价。

名誉被污蔑是一个无辜者遇到的最大不幸。所以在面对可能造成这种不幸的事情时，激动的言行并不能归于粗鲁无礼。如果一个年轻人对别人有损他名誉的诋毁感到愤怒，即使表达得有些过分，也会让我们更为尊敬他。一个纯洁的小姐，因关于她品行的流言蜚语而苦恼，往往使人同情。老成者将他人的诋毁置之度外，对他人的谩骂视而不见，甚至对那些无聊之人大为不屑，这是因为生活的积累和多次的经验教训，使他们对此变得冷漠。年轻人不可能有这样的态度，如果年轻人也是这般冷漠，人们会认为他们在今后的岁月里对真正的名誉也会毫不在乎。这是极为不适的。

我们几乎不可能对关乎自己切身利益的事情无动于衷，我们常常抱着轻松愉快的心情回忆别人遭遇的不幸。但对于我们自身的痛苦，回忆时则会带着羞愧的心情。

如果我们考察一下生活中那些脆弱情感和自我克制的细微差别，就会发现对脆弱情感的克制一定是通过某种过程学会的。而且它不是来自那些深奥的推理和演绎，而是上帝对我们的戒律。为了确立各种必要的美德，我们必须尊重所有旁观者的感受，哪怕这个旁观者只是出于我们的想象。

年纪尚幼的孩子缺乏对自我的控制能力。对他而言，不管是恐惧、痛苦还是愤怒，都可以用大喊大叫来唤起保姆或父母的关心，当他处在监护人的关心呵护下，除了被告诫不能过分生气之外，没有必要克制什么感情。当孩子在发脾气之前，那些监护人为了自己的安闲自在，往往会对孩子大声斥责并加以恐吓，使他们保持安静。这种行为使孩子明白，为了自身安全，有必要抑制自身的情绪。当孩子长到可以上学的年纪，或能与其他孩子交往的时候，他会发现别的孩子对他没有任何偏爱和容忍。为了得到其他孩子的好感，避免被孤立，甚至为了自己的安全，他学着压抑自己的愤怒和其他过激的情绪，使身边的小伙伴们乐于接受他。由此他步入了克制的大学校，学会控制自己的感情。但生活的实践再长，我们也很难学会完美自如地控制我们的感情。

当人们造访一个生活在痛苦、疾病和不幸中的弱者时，他马上会从悲哀中振作起来，从造访者的角度出发，思考人们会如何看待他的处境。此时，他会获得某种短暂的平静。但这种机械的状态很快消失，他又回到那种悲哀中，自我感叹并痛哭流泪。他的感情很像那些缺乏自制力的孩子，无法压抑自己的悲伤，只希望唤起旁观者的认同和怜悯。

一个意志较为坚强的人，可能会保持较长时间的振作，并尽可能使旁观者感觉到他的镇定。当他在巨大的不幸面前保持平静时，朋友们自然会对他表示钦佩。这种感觉使他受到鼓舞，促使他更加坚强乐观地面对压力。他努力不去讲述自己的遭遇，他较有修养的朋友们也会避免这种话题。他会用各种玩笑使朋友们开心，如果非要讲述自己的不幸，也会用一种坚强超脱的语气进行叙述。但如果他没有很好的自制能力，这种表现就不会持续太久。长时间的约束之后，他会难以克制自己的本能，对自己的遭遇感到悲痛万分。现在的风气让人们对软弱的情感报以宽容，如果某人家中遭受了重大不幸，一般只会允许最为亲密的亲戚和朋友去拜访，而不希望关系疏远或者陌生人的拜访。人们觉得关系亲密的人约束较少，更能给不幸者带来关怀和同情。其实心怀恶意的人，最喜欢混在那些亲密的朋友中间，对不幸者进行恶意的拜访。此刻，最脆弱的人也会用一种看似轻松愉快的样子，对那些恶意的来访者表示蔑视。

真正具有坚强和果敢品质的人，会有严格的克制能力。他们聪明正直地面对各种复杂的局面。不管是激烈的党派斗争还是残酷的战争，他们都能成功地控制自己的冲动和激情。不管是不是独自战斗，不管成败与否，也不管对方是敌是友，他都能保持理性和冷静。任何时候，他都不会忘记有位公正的旁观者，在时刻注意他的言行和感情，他们也不会忘记自己的良知。他已经习惯用旁观者的眼光去评价自己和周遭的事物，这种习惯不仅规范了他的言行举止，更规范了他内心的情感。他完全认同那个公正的旁观者，甚至认为自己就是那个公正的旁观者。对他而言，这个伟大的旁观者下达的指令，是唯一值得恪守的。

综上所述，人们对自身行为的满意程度，随着自我克制的程度而变化。如果不需要自我克制，就不会产生对自我的满足感。划破手指的人很快就忘记这种疼痛，但他不会因此对自己赞赏有加，因为这不值得他自鸣得意。如果有人在轰炸中失去了一条腿，通过强烈的自我克制，很快使自己的言谈变得镇定自若，为此他会对自己产生高度的满意感。大多数人会因为突发的不幸，变得惊慌失措，倍感痛苦，致使他们无法考虑其他的事情，不管是内心的旁观者还是外在的旁观者，此刻完全不会引起他们的注意。

我们在不幸中遭受的悲痛和辛酸，上帝会按照我们的自我克制行为对我们进行补偿。我们自我克制的程度越高，得到的快乐和幸福也就越多，由此我们对自身行为的满意度就越高。此时，我们也不再为曾经遭受的不幸感到痛苦。斯多葛学派认为，真正的聪明人在各种不幸的遭遇中，不会感到不幸的环境和别的环境有何不同。他们的幸福在各方面都不会有所损失。也许这样的想法太极端，但是我们必须承认，痛苦虽然不会完全消失，但会在自我赞扬中消失大半。

面对突然降临的不幸，明智坚强的人为了保持自己的镇定，必须做出巨大而痛苦的努力。因不幸产生的痛苦和出于对自身处境的看法，会使他备受折磨。他必须花费很大的精力，才够把自己的注意力集中在公正的旁观者将会持有的感觉和观点上。此时，自己的荣誉、尊严和本能的情感，会产生严重的斗争。他难以完全做到从旁观者的角度看待问题，也无法听从良心的指导。当他为了荣誉和尊严而行动时，会获得上帝赋予他的自我满足感，并得到所有公正的旁观者的称赞。如果这种补偿完全弥补他的痛苦，他就不会因为私利而逃避某种不幸的过程。但这种补偿仍然难以弥补他遭受的不幸，因此他对自己和社会的功能都会被削减。要想在不幸降临时保持沉着冷静和清醒的判断，必须有承受痛苦的勇气和坚忍不拔的精神。

按照人类的本性，我们在一段时间以后就会适应种种不幸，恢复通常的平静。所以，如果他承受住突发的痛苦，自然就会慢慢地适应。装了一条木头假腿的人会感到痛苦，而且当他预见到晚年的种种遭遇时会感到更加痛苦。但他很快就会像一个公正的旁观者那样，把那条假腿看成缺憾，但这种缺憾并不妨碍他交往或者安居的各种乐趣。他很快就能够使自己成为那个公正的旁观者，不再像开始时那样悲伤哭泣。他已经习惯于这种公正的旁观者的看法，这使他的生活变得安静，不再会因其他的念头而觉得自己不幸。

人们迟早都会适应自己的境遇。我们因此认为，斯多葛学派在这方面的解释是非常精辟的。在漫长的生活里，真正的幸福并没有本质上的差别。那些微小的差别只是让我们偏爱或者逃避某种环境，但不会让我们对此产生强烈的感受。幸福存在于平静和安逸之中，在平静的地方就会有使人安逸的事物。在某种长期的、没有希望得以改变的境遇里，我们的心情早晚都会重归平静。沉稳的人会更快地恢复平静，并且能找到更多的乐趣。

我们不幸和混乱的生活，主要来源于对环境差异的过高估计。贪欲使我们把贫富差距看得过大，野心使我们把地位的差距看得过大，虚荣则使我们把名声的差距看得过大。被这种情绪影响的人，不仅在他的现实处境中活得很可怜，也容易为了达到他们那些虚妄的目标而使社会处于混乱。不过，只要他稍微考察一下就会发现，随和的人在任何环境中都可以保持平静、满足和快乐。有些处境确实比较让人开心，但没有一种处境值得用上述的冲动去追求。那些冲动会使我们违反审慎或正义的规范，并为自己的蠢行懊悔不已。如果没有审慎和正义原则的指导，那么人会进行各种危险的游戏而毫无所得。伊庇鲁斯国王对自己的亲信讲述了一系列的征服计划，最后亲信问："那陛下最后准备做什么？"国王说："到那时，我要和朋友一起共享快乐，一起过轻松的生活。"亲信又问："现在陛下就那么做的话，又有什么不可以呢？"我们梦想中的生活看似是最幸福快乐的，其实和我们现实中唾手可得的快乐没什么区别。除了某些虚荣心和优越感之外，即使在最为低下的地位中也能找到最高的地位中的一切快乐。一切能够让人宁静快乐的原则都与虚荣心、优越感无关。我们急于摆脱穷困的处境，希望在高贵的生活中享受到快乐，但这两者几乎完全不成正比。不管是翻阅历史文献，还是观察身边事物，或者回忆自己的经历就会发现，真正不幸的人，是那种不知道自己已经生活在幸福中，应该心满意足的人。有人本来十分健康，但还是想通过药物延年益寿，他墓碑上的碑文是："我曾经有个健康的身体，但多余的追求让我躺到了这里。"这句话可谓恰如其分地描述了贪欲产生的痛苦。

有个想法可能让人觉得奇怪，但我们仍然相信是正确的：还没有一败涂地的人，往往不像那些处在无法挽回的境地中的人们那么乐意回到以往的宁静生活中去。面对飞来横祸的打击和从天而降的不幸，睿智的人和软弱的人会有截然不同的反应。最后时间，会安慰软弱者，使他意识到自己应该具有尊严和男子气概，才能达到平静的境界。对假肢的适应就是一个很明显的例证。在面临子女、朋友或者亲人的死亡时，睿智的人也会陷入理性的悲伤之中，而一个多情的柔弱女子，这时几乎会悲伤得发疯。不过，随着时间的流逝，这个女子的心境会平静得同最坚强的男人一样。睿智的人对此有着明确的认识，使他们很早就能从无法补救和挽回的灾难中恢复到平静状态。

那些本来可以挽回，或者看似能挽回的灾难，其补救的成本可能超出了当事人可以承受的范围，为此他对种种徒劳无益的尝试，对尝试能否见效的焦虑，以及这种尝试遭到失败时的打击，都使他难以恢复心灵的平静。相比之下，那些更大的，并且无法避免和挽回的灾难，往往会让他在两周内恢复平静。君王的宠臣被冷漠，权臣被驱逐，富翁沦为穷光蛋，自由之身被扔进牢笼，身强力壮者变成绝症患者，在这些情况下，那个反抗最小、最为从容认命的人，反而最容易恢复平静安详的心态，最容易站在冷淡的旁观者的角度来分析自己曾经面临的那些斗争和不幸。拉帮结派、阴谋诡计会使政治家陷入不安，开发金矿的憧憬会让破产者失眠，整天想越狱的囚徒无法享受监狱提供的安宁，最讨厌医生药方的人就是那些不见疗效的病人。

我们对他人的同情，与男子气概的自我克制有密切关系。因为这种自我克制的天性和本能，在邻居遇到不幸时，我们会同情他们的悲痛。当我们自己遇到不幸时，这种自我克制使我们控制自己的哀伤。同样因为这种本性，在别人取得成功时，我们会对他表示恭喜；在我们自己取得成功时，会约束自己的过分喜悦。在这两种情况下，我们对自己情感的控制，正是源自对他人感受的揣测。

我们最为尊重那些具有完美品行的人，因为他们能有力控制自己自私的天性，具有能敏锐感受别人富有同情心的本能。那些具备随和、慈善、雅致、伟大、庄严、大方等美德的人，肯定会赢得我们由衷的热爱和钦佩。

最容易同情别人的人，也最容易实现自我克制。对他人的快乐或者悲伤最为同情的人，也最能克制自己的快乐和悲伤。具有较强人格力量的人，很容易获得这种最高度的克制能力。但具备这种潜质的人也许没有获得这种能力，他可能从来没有遇到过严重的党派斗争或者残酷的战争，没有体验过领导的专横、同事的猜忌，或者下属的阴谋诡计。当他在年迈时，突然遇到这些变故肯定会觉得惊心动魄，那些天生完美的自我克制能力，此时需要锻炼和实践。任何一种良好的品质都不能缺少它们，苦难、危险、痛苦和灾难是促使我们实践这种品德的老师，但没有人希望在现实中遇到这些老师。

最能培养人类高尚情操的环境，不一定有助于形成严格的自我克制。处于舒适环境中的人，最容易体谅别人的痛苦；面临苦难考验的人，则会竭力克制自己的感情。舒适宜人的自然环境和悠闲宁静的生活节奏，最有助于我们发扬并完善那些温和的美德，但这种环境未必有助于形成自我克制的习惯。在严酷的战争、动乱和派系斗争中，最容易培养坚忍的克制性格。但我们的人性常常在这种严酷的环境中，遭到扼杀和压抑。士兵难以得到敌人的宽大处理，所以也就不会对战俘手下留情。这种事情经历多了，人性肯定会受到很大的冲击。为了使自己安心，他必须学会无视自己造成的各种不幸。虽然这种环境可以锻炼人高度的自我克制能力，但也会促使图财害命等罪行，并削弱甚至消除对他人生命或财产的尊敬，而这种尊敬正是人性和正义的基础。所以那些富有人性的人在努力追求荣誉的时候，往往缺乏自我克制能力，一旦遇到艰难险阻就会泄气。而那些能够自如地进行自我克制的人，他们对人性几乎非常淡漠，随时准备投身最凶险的事业，任何困难和危险都不会使他们丧失勇气。

当我们孤单的时候，会对与自己有关的东西极为敏感。我们可能过高地估计自己的善行，也容易夸大自己受到的伤害。好运常常使我们过于兴奋，厄运往往让我们倍感沮丧。和朋友的谈话可以使我们的心情有些好转，和陌生人聊天则会让我们更加超脱，因为我们心中那个抽象的旁观者，常常需要被真实的旁观者唤醒。那个旁观者会告诉我们，从我们最疏远的人那里，才能学会高度的自我克制能力。

当你处在不幸之中，不要一个人暗自伤心，也不要沉溺于最亲密的朋友的同情，尽快地回到正常的生活中去，和那些陌生人、不了解你或者不关心你的人一起生活。不要逃避你的敌人，向他们显示你克服灾难的勇气，消除他们幸灾乐祸的心态，这样你的心情才会更加畅快。

当你获得成功的时候，不要把自己局限在亲朋好友，或是那些巴结奉承你的人中间；也不要局限在那些有求于你的人中间。你应该到和你交往不多的人中间去，和只根据你的品质和行为来评价你的人相处。对于地位比你高的人，既不要嫉妒也不要回避，他们因为你的地位提升而感到不舒服，他们的轻慢无礼也会让你十分不快。如果他们表现不那么傲慢，就可以算作是你的知己了。如果你的谦逊坦诚赢得他们的好感，你就可以很满意地相信你的谦逊，以及面临好运时的冷静。

我们的道德感是一种独立的情绪，不会因为身边人的白眼或者公正旁观者的缺席而失衡。

对于一个独立主权国家对别国采取的行动，中立国是最公正的旁观者。但由于遥远的地理距离，他们难以了解事态的真正原因。当国家间发生冲突时，各自的公民关注的焦点就是获得本国同胞的赞同，而不会想到外国人对此事的态度。这种行为的必然结果，就是煽动公众的支持，激怒他们的敌人，最后通过战争来解决问题。此时，偏执的旁观者近在眼前，公正的旁观者则远在天边。所以，在战争和谈判中，几乎没有人会重视真理和和平，也没有人会遵循正义公正。条约是容易违反的，如果背叛条约能够带来某些利益，执政者就不会受到什么指责。能够欺骗外国权臣的特使会受到人们的赞扬。如果一个人不屑于追逐利益和施舍好处，但相比而言，更乐善好施的话，那他在私生活中会是最受人尊敬的好人，但在国际事务中却会成为冤大头，并会遭到自己同胞们的轻视和批判。没有人会在战争中真正遵守国际法，那些违反国际法的人，都只关心本国同胞对自己的看法，所以他们的行为也不会受到同胞们的批评。而大多数的国际法，通常在制定时没有最简单明了的正义原则做指导。清白的人可能和罪人相互利用，但不会因此被当作罪人，这是正义原则最简单的体现。在最为邪恶的战争中，通常只有君主或统治者才是真正有罪的，老百姓则几乎是无辜的。但无论何时，敌国都会在海上和陆地上抢劫老百姓的财产，使他们的田园荒芜，并烧毁他们的家园。如果这些老百姓敢于反抗的话，就会被屠杀或囚禁，这些暴行通常和所谓的国际法并无冲突。

无论是教会还是民众，对敌对派别间的积怨，往往比对敌国的仇恨更深刻，他们参与斗争的方式也更加残酷。那些所谓的派别规范，往往比国际法中体现的正义原则更少。最狂热的爱国分子也不会完全丧失对敌人的信任，但对于是否可以信任叛乱者和异教徒，常常是教会和民间争论的最激烈的问题。毫无疑问，争论的最终结果一定是叛乱分子和异教徒成为不幸的弱者。当一个国家由于派别斗争而进入混乱状态时，总会有一些人可以不受舆论的蛊惑，保持清醒的头脑。但他们数量太少，并且彼此隔离，相互孤立，因而他们也不会得到什么党派的信任。尽管他们才智过人，也会成为社会上最无足轻重的人，这些人还会经受两个派别的一致的嘲弄和排斥。真正的党棍都仇视慷慨正直的人，具有美德的人都不会成为党棍。真正公正的旁观者，不可能处在敌对斗争的激烈冲突中。这些党棍把自己的那些恶毒的偏见都归于上帝，甚至认为是神圣的上帝给了自己残酷报复的权利和勇气。因此，派别和斗争狂热是道德情感最大的败坏者。

关于自我控制，另一个需要阐明的问题是，面临最严酷的不幸时，能够赢得我们由衷钦佩的是那些努力继续前行的强者，因为他需要用强大的自我克制才能控制他的痛苦。对痛苦麻木不仁的人，不会试图通过坚忍和镇定赢得称赞；对死亡漠然处之的人，也无须在危难中保持沉着和镇静。塞内加的话有些言过其实，他说："斯多葛学派的哲人对苦难的承受能力甚至超过了上帝。上帝的安宁来自自然的恩惠，而哲人的安全完全是来自个人的辛苦努力。"

但总有一些人，对与自己有关的事物的反应过于敏感，甚至根本无法进行自我克制。在危难关头，有的人会因为惊恐而陷入无知觉状态，此时，荣誉感对他毫无意义，循序渐进的锻炼和训导也不一定能治疗这种神经质的软弱，这种怯懦的家伙坚决不能得到信任和重用。

第四章

自我欺骗的天性及一般原则的起源和作用

即使真实而公正的旁观者就在我们身边，也不能完全阻止我们做出有悖常理和道义的事情来。我们的良心被强烈的私心蒙蔽，甚至为得出利己的结论而掩盖实情。

在行动之前，冲动使我们难以公正地评估自己的计划。我们努力用他人的眼光去看待自己的处境，我们强烈的冲动也会不断曲解各种现实，使我们回到自身的立场上去。我们也许隐约感觉到别人对我们的看法，但这无济于事。我们无法听从那个公正法官的劝告，也无法拒绝那种狂热的冲动，只愿把旁人的看法当成一种虚假的幻象。正如马勒伯朗士神甫所说，只要我们愿意，任何冲动都能证明自己的正确性和对它们对象的合理性。

在行动结束后，冲动逐渐平息，我们才能冷静地理解公正的旁观者的感受。就像旁观者预料的一样，原来曾让我们充满激情的事物，现在变得了无生趣。我们可以像旁观者一样，对自己的行为进行公正坦率的考察，不用再被那些行动打扰。激动的情绪就像突然发作又突然停止的阵痛一样，等到风平浪静之后，我们就会依照最公正的眼光来揣测自己的行为。这次的评估除了徒增沮丧和悔恨外，并不能保证我们下次一定不会重蹈覆辙。但这些评估也是不完全客观公正的。我们对过去的行为所抱有的看法，决定了我们对自身品质的定位。几乎没有人会正视那些让人觉得麻烦和难堪的过去。就像只有勇敢的外科大夫才会若无其事地给自己的亲人动手术一样，也只有那些勇敢的人才会直面自己行为的缺陷，揭开自欺欺人的面纱。我们努力唤起那些让我们误入歧途的冲动，并激起对过去罪恶的憎恨，只是为了掩盖自己的罪恶，逃避良心的谴责。为了达到这样的目的，我们甚至全力以赴。

无论是行动时还是行动前后，人们都无法用旁观者的眼光来公正地审视自己的行为，而只是片面地思考自己的行为是否适宜。如果人们能够具有某种特殊的能力——假定是道德感，就能准确判断自己的各种行为了。与感受别人的激情相比，感受自己的激情更直接，因此判断也更为准确。

我们最致命的缺点就是竭力否认自欺欺人，这是人类生活中很多纠纷的根源。如果我们能够站在旁观者的角度看待自己，或者用洞悉一切的眼光看待自己，那么我们就会有所改进。

上帝不会放任我们的缺陷，也不会允许我们永远自欺欺人。在生活中，我们在不断考察他人的行为的同时，形成自己关于道德的普遍原则，由此我们判断什么是该做的，什么是不该做的。我们的天性会被他人的行为触动，当所有人都对某个行为进行批评和指责的时候，我们就更加认为那种行为是错误的。当我们对事物的看法和公众一致时，我们就会觉得满意。我们不会犯同样的错误，也不会成为公众指责的对象。此时我们已经自然而然地形成一条行为准则——避免所有让我们变得可恨并会遭受指责的行为。相反，能够被我们和他人称赞的行为，会让我们渴望受到人类的爱慕、感激和钦佩之情。我们开始希望实践这些相同的行为，并用它来规范我们的行动。

我们的天性和对善恶美丑的天生感受，使得普遍道德准则得以建立。我们凭借直觉对不同环境下的事物表示赞同或反对，由此形成普遍道德准则的基础。我们并不是通过研究和评判才对它们表示赞同或反对，我们只是通过经验对行为进行判断，形成了普遍原则。如果一个人死于朋友的嫉妒或谋财害命，旁观者看到他垂死挣扎，听到他只是抱怨朋友的忘恩负义，而不控诉朋友的残酷暴行，那么不用等他认真考虑神圣的法则是如何禁止图财害命，以及这种行为究竟违反了哪一条准则，人们就已经对这种暴行产生反感和恐怖。显然，人们对罪行的憎恶感在普遍原则之前产生，这也是罪行的普遍原则建立的基础。

我们在历史或小说中读到有关高尚或卑劣的行为时，自然会敬仰高尚者，鄙夷卑劣者。然而，普遍道德原则告诉我们，高尚的行为应该被敬仰，卑劣的行为就应该受到鄙夷。然而我们的情感并不是因为普遍原则的出现而产生，反而是我们对这种行为产生的切身体会和经验形成了道德的普遍原则。

旁观者对观察到的行为产生相应的情绪。亲切、庄严或恐怖的行为会使旁观者产生喜欢、敬仰或惧怕的感情。只有实事求是地观察行为激发的感情，才能确定关于对象和感情的普遍原则。

这些普遍原则通过人类感情的一致认可之后，当我们再争论那些难以判断的道德问题时就有了统一的是非标准。我们的行为是否正义，都可以用这个普遍原则进行判断。这就使一些著名作家迷惑不解，因为在他们的理论体系中，人类应该像法官审理案子一样判断正误，先考虑普遍原则，再评估行为是否符合与之相应的原则。

习惯性的反省使我们铭记那些普遍原则，用它们来纠正我们利己的感情。我们在特定的情境中，自私的情感会扭曲我们的判断。普遍原则指导我们此时应该做什么，不该做什么。当我们遭受了一些微不足道的冤屈时，出于自私的愤怒，可能会用对手的生命补偿自己。但对别人行为的观察，使他明白这种报复是过于残酷的。只要他受过适当的教育，就会在任何场合都禁止自己有那种残忍的报复行为，并把这一观点当作普遍原则来对待。也许他是非常暴躁的人，第一次思考这种行为时，他会觉得合情合理，每个旁观者也都会深表赞同。过去的经历已经让他对这种规范抱有敬重之情，并且阻止他因利己之心做出冲动的行为。即使他真的冲破普遍原则的约束，做出了过分的行为，他的心里仍会对普遍原则怀有尊重和敬畏。就算他正在行凶作恶，也会对自己的行为感到犹豫和害怕。他会下意识明白，自己正在违背他心中的道德准则，这些准则是他曾经立志永远遵守的原则，也是他从未见过别人违反的原则。他逐渐预感到自己就要成为公众憎恨的人。在违背道德准则的不安和内心欲望的驱使下，他备受煎熬之苦，惶惶不可终日。当他决定坚持原则，不使羞耻和悔恨伴随自己一生时，他的灵魂就会感到平和。相反，更加强烈的冲动驱使他投身刚刚决定放弃的事情，这些矛盾搞得他精疲力竭。最后，他在绝望中做出了事关重大又无法挽回的行动。他的心情充满恐惧，仿佛为了逃避那些可怕的敌人，身不由已地来到悬崖之上，此时他的境遇肯定比之前更加可怕。也许在后来的行动中，他会越来越少地认为自己的行为不合常理，但是等到冲动过去，他站在公正的旁观者的立场上看待自己所做的一切，才会感到那些所谓完美的行为每时每刻都在使他悔恨和焦虑。

第五章

道德普遍原则的影响和权威

责任感，即是对普遍道德规范的遵守。这是人类生活中最重要的原则，也是很多人唯一的行为准则。许多人的一生中规中矩，丝毫不敢逾越那些已经存在，并让他们尊重的行为原则，这使他们从未感受到别人的称赞之情，也没有受到过任何责备。一个天性冷漠的人如果受到别人巨大的恩惠，也许只会报以微小的感激之情。但如果他富有道德修养，他会明白缺乏感恩之心的人是让人讨厌的，知恩图报的人才会让人喜爱。所以即使他的心里没有感恩的念头，也会努力表达对恩人的感激和恭顺。谈到自己的恩人时必须表现出高度的敬意，并把自己得到的种种恩惠都挂在嘴边上，而且他会抓住一切可以回报那些恩惠的机会。他这么做也许是出于尊重行为准则和衷心按原则办事的愿望。这是他真心实意的行为，也不打算因此获得更多的恩惠，更没有欺骗公众和恩人的想法。同样，一个妻子也许并不深爱丈夫，但如果她具有道德修养，就会努力表现出她对丈夫的爱，并且恪守一个妻子的本分，对丈夫关怀备至，贤淑忠诚。这里谈到的这位朋友和妻子，肯定不是最好的朋友或者妻子。他们认真而迫切地想履行自己的愿望，但还是难以发自肺腑，体贴入微。如果他们具有和自己身份地位相符的感情，就不会错过许多能显示自身存在的机会。但即使不够完美，也是第二流的，因为他们出于对普遍行为原则的尊重，才会在绝大部分场合保持完美。只有最幸运的人才能把自己的感情和地位配合得天衣无缝，让自己在所有场合都应付自如，左右逢源。通过教育和训练，使绝大多数人都可以深入了解并掌握这些普遍原则，并在一生中都避免遭受重大的指责。

如果我们对普遍原则保持尊重，就有可能成为一个值得信赖的人。正义者和卑劣者的根本区别就在于是否遵守了这种普遍原则。正直的人一生都坚定不移地恪守这些准则。卑劣者的行为随着自我的心情而变化无常，难以捉摸。如果没有对普遍原则的尊重，理性的人也会在下意识做出不恰当的事情，甚至他都说不清楚产生这种举动的缘由。你的朋友在你心情不好的时候造访，你一定会把这种造访看成鲁莽的骚扰。此刻，待人接物的普遍原则让你不会显得粗鲁，但你的言谈举止也会让他感到冷淡和无礼。过去的经验已经让你对普遍原则抱有尊重，让你的行为在任何场合都不会受坏心情影响。如果我们无视这些普遍原则，就很难做到彬彬有礼和平易近人，也难以保障公正、忠诚、贞洁等节操，更不要说去维持那些影响人类本性的重大原则。一旦这些普遍原则没有深入人心，我们的社会就会失去存在的基础。

我们对普遍原则的尊重还因为它们是上帝的命令和戒律。上帝会奖励那些顺从原则的人，惩罚违背原则的人。这种出于本性的观点还不太清晰，我们将在下面的推理中证实。

人的天性让我们觉得我们的情感和激情都来自一种神秘的力量，任何国家的宗教信徒都对它抱有敬畏之情。人们想象不出有什么东西能够创造人类的感情。人们想象中的未知之神，被塑造成一种与他们感受相似，并有存在感的事物。在愚昧无知的异教时代，人们把所有的感情都归结到神的身上。就连许多低级下流的感情也是一样，如淫欲、食欲、贪恋、嫉妒、报复等。出于对神的崇拜，人类也会把热爱美德、惩恶扬善之类的伟大的品质说成是神具有的，这些品质似乎是人类通向神界的阶梯。蒙冤的人祈求丘比特为他主持公道，这种不公连普通人也会为之愤慨。那个害人者发现自己被众人憎恨，天性的恐惧让他把别人的看法归于神的旨意，面对神的惩罚，他无力抵抗。教育让这些希望、恐怖和猜忌广为人知，人们传扬并相信神会善待好人，惩罚恶人。所以在精于推论和哲理的时代到来之前，还处于原始状态的宗教就已经对各种道德的准则表示认同。人们出于对宗教的恐惧，强迫履行着人类的各种职责。那时的人们根本不可能进行模棱两可的哲学探讨，因此这种宗教对人类的幸福可谓意义重大。

哲学研究证实了人类的天性具有最初的预感。不管我们认为道德感是建立在某种温和的理性之上，还是建立在某种所谓道德观念的本性之上，或者只是建立在某种天性之上，都是上天赋予我们对道德评价的本能，让它来规范我们生活中的各种行为。有人认为我们的道德感和其他一些天然的感官处于平等地位，没有哪种感觉可以仲裁其他感官。虽然爱与恨彼此对立，但爱不能批判恨，恨也不能裁决爱。我们此刻正在讨论那些感官的特殊职能，就是判断所有天性，并给出赞许或惩罚。这种感官可能是某种感知，感知高于本性，所以本性是感知的仲裁对象。眼睛不会要求色彩美丽，耳朵不会要求声音动听，舌头不会要求味道可口，但那些感知会对这些本性做出评价。使眼睛舒服的就是美丽的，使耳朵舒服的就是动听的，使舌头舒服的就是可口的，这些特征的实质是为了使那些器官感觉舒适。同样，我们的道德感决定了我们的五官什么时候应该得到满足，我们的天性是否可以被放纵。我们的道德感赞同的就是正确高雅的，相反，就是荒谬粗俗的。对与错，合适与荒谬，高雅与粗俗，这些词语的本意只是表示那些事物是否让我们的道德感感到快乐。

道德感决定了我们所有天然的本性，它规定的准则就是上帝的指令和戒律，并由上帝在我们灵魂深处安置代理人负责颁布。定律是普遍规则的总称，例如物体在运动时所遵守的规律就是运动定律。我们的道德感在对它们进行审查，并对它们表示赞同或批评时，遵循的普遍原则与法律极为相似。法律是君主们制定的行为规范，用它来规范自己臣民的言行举止。普遍原则无疑也是由法定的权威制定的，它规范人类的自由行为，并有各种完善的惩罚和奖励机制。上帝在我们灵魂深处的代理人，就是用这些条文来评判人们的行为，惩恶扬善。

上述观点还可以从其他角度来证明。上帝创造人和其他所有感知的生物，其本意是想让他们得到幸福。除了幸福之外，不会有其他目的让我们认为上帝有至高无上的慈悲和贤明。我们可以通过对上帝的行为进行观察，以证明他所有的目的都是为了增进幸福，减除不幸。道德感也会促使我们寻求增进幸福的办法。由此看来，我们是在同上帝合作，尽力提升我们的幸福感。如果我们违背道德，就是与上帝为敌，阻碍了人类追求幸福的计划。所以当我们按照道德标准行事时，就会充满信心地祈求上帝赐予我们恩惠，而违背道德标准时，就会担心受到上帝惩罚。

还可以通过许多理论和天性来阐述上述道理。当我们思考管理这个世界和众生的普遍原则时就会发现，在这个纷繁复杂的庞大世界里，任何一种美德都会得到回报和鼓励，除了极为特殊的情况外，人们的期望不会总是落空。每一项事业的成功，都是勤劳、节俭、谨慎的报答，但也许有些美德终生都得不到报答。财富和敬意是对美德最好的回报，但这些都是容易得到的。周围人的信赖和尊重，最能促使人们保持诚信、公正和慈善，有些被人敬重的人并不追求飞黄腾达。财富的积累不会给诚实公正的人带来真正的快乐，他们的快乐源自别人的信赖，那些美德通常这样回报他们。不过在一些不幸的事故中，好人也可能成为坏人的替罪羊，从此遭受人们的误解和憎恨。虽然他是一个善良正直的人，却因此失去了一切。不过一个对生活谨小慎微的人，也可能死于地震或洪水，和这种事故比起来，遭遇冤枉的概率要小得多。想得到身边人的信赖和尊重，最有效的办法就是做到诚信、公正和仁慈。一个人的个别行为容易被误解，但是他整体的特征却不会被看错，除非在极为特殊的情况下，一个清白无辜的人会被人误解。但是出于对他一贯的了解，即使他的罪证确凿，仍会有很多人为他辩解。同理，坏人在品行还没有暴露的时候犯罪，也许不会遭人指责。但是当他的恶行和底细广为人知时，即使他没有作恶，也会经常被人怀疑。罪行和美德都会得到相应的回报，并且在普遍规律的规范下，这些报答和惩罚终会公正。

从哲学的角度进行冷静的思考，那些决定命运的普遍原则通常会使人适应他们所处的境地，但他们未必和人类那些天然的情感相一致。我们对某些美德怀有天然的好感，希望给予他们所有的荣耀和报答，甚至把一些本应给其他美德的荣耀和报答也归于它们。相反，出于对某种罪行的反感，我们希望他们遭到各种不幸和耻辱，甚至遭到那些本不属于他们的不幸和耻辱。我们喜欢宽容、慷慨和正直，希望权力、财富以及荣誉都是这些品质的报答。其实这些回报与那些美德并无必然联系，而应该属于勤劳和节俭。从一个角度看，当我们看到引起我们厌弃和蔑视的欺骗、伪诈、残忍等行为取得好处时，我们就会感到不公和气愤，虽然在某种意义上，这些行为也具备勤劳的品质，也应该得到相应的好处。一个坏人辛苦耕作，一个好人懒于劳动。最终谁应该得到收获，谁应该忍受饥饿，谁应该得到富足呢？坏人也许会得到上天的照顾，但人们的本性却喜欢偏袒好人。人们觉得，坏人的勤劳使他得到的回报过多，而好人的懒惰使他得到的回报太少。因为人类制定的法律，勤勉的叛国者被剥夺了一切财产，热心公益事业的好公民即使疏忽大意，也会得到补偿。此时，我们奉行的原则与上帝自己遵守的原则不尽相同。于是在上帝的指引下，我们按照他遵循的原则，对财产进行重新分配，我们努力使各种善行和恶行恰如其分地得到我们的敬爱和憎恨。而上帝没有涉及我们的思维和激情中的各种品德的优劣，单纯地惩恶扬善。在上帝看来，他的规则是合理的；对我们而言，人类遵循的规则也是合理的。这两者都是为了伟大的目标——人间的安定和人性的和谐。

我们已经习惯按照自身的理解去改变财务的分配状况，并像诗人歌颂神灵一样，为了惩恶扬善，我们屡次用特殊的手段对现实进行干预。但我们还是不能完全按照自已的意志来决定善恶的命运。天地万物迅猛发展，远非我们有限的人力所能左右。虽然这个自然进程的规则因最睿智、最高尚的目的而制定，但后果有时却让人的本性激动不已。大集团优先于小集团，对人生有所计划的人总会胜过毫无目标的人。各种计划只有按照上帝规定的方式才能得以实现。这些规则不仅客观存在，而且也能合理激发人们的勤劳和专注。按照这种规则，如果真诚和正义被阴谋诡计打败，每个旁观者的心中一定会燃起强烈的怒火。对不幸的无辜者，我们报以同情和悲痛；对成功的阴谋诡计，我们报以强烈的愤慨。冤屈让我们感到愤怒，但我们对此却无能为力。当我们对人世间的希望丧失信心时，我们自然会呼吁上苍，希望伟大的上帝降临到我们身边，亲自指导我们的行为，并亲手完成他为我们部署的各种计划。我们希望每个人在今世的所作所为，在来世得到报答，这样我们就会虔诚地相信来世。这不仅源于我们的弱点和人类的天性，也出于对真诚的本性，出于我们对善良的热爱和对罪恶的厌恶。

雄辩而睿智的克莱蒙特大主教对此夸张而富有想象力地评论道："听任自己创造的世界处在无序的混乱中，这与上帝的伟大相符吗？听任篡位者废黜善良的国君，忤逆的儿子杀死父亲，凶悍不贞的妻子谋害丈夫，这些与上帝的伟大相符吗？难道那高高在上的上帝可以像看戏一样对这一切置身事外吗？难道因为上帝的伟大，就应该在这些暴行面前表现软弱、忍受不公甚至暴虐吗？因为人的卑微，就应该放任暴行或者冷漠善行吗？如果这些就是我们崇拜的那个上帝所具有的品格，我宁可不承认你是我的父亲、我的保护人、我痛苦时的安慰者，我怯懦时的鼓舞者、我忠诚的报答者。你不过是个懒散荒诞的暴君，为了你自私而无聊的虚荣，牺牲人类的幸福。你创造的人类，不过是你在无聊时摆布的玩物而已！"

这番话尽管有些不恭，但上帝就是这样，被看作是人类行为普遍规则的制定者。上帝考察我们的言行，并在来世对我们进行奖惩。任何相信上帝的人都会认为指导我们行为的最高准则应该是顺从上帝的心意，只有大逆不道、极端自负荒唐的人才敢违背他的意志。如果一个人对具有无限智慧和权力的上帝无动于衷，无视他下达的指令，那是极其令人厌恶的。人的行为总会出于利益因素的考虑，我们也明白，即使我们的恶行可以逃脱世人的惩罚，但无法逃脱上帝的眼睛。很多人经常反省这个问题，他们深知这是限制我们冲动的最后一道防线。

毫无疑问，宗教强化了我们本性中的责任感。于是很多人会认为，虔诚的信徒诚实正直，值得信赖。人们认为这些人不仅受到那些普遍原则的约束，同时也重视名誉和理性以及他人对自己的赞美和评价。这种动机对俗人和普通的信徒同样有效。除此之外，信徒还会受到一种约束，他的任何行为都极为谨慎，就像上帝在他身边，最终会根据他的行为对他进行补偿。所以虔诚的人值得人们信赖。无论哪里的宗教，只要没有卑鄙的小团体和宗派，只要把道德责任当成首要责任，只要不把注意力集中在烦琐的宗教仪式和教义上，更不会通过宗教的形式进行欺诈，我们就完全可以对那些虔诚的信徒给予充分的信任。

第六章

责任感是不是我们行为的唯一原则

由于宗教对道德有巨大的影响，并能够抵制罪恶对人类的种种诱惑，导致很多人都错误地认为只有虔诚的宗教才是唯一值得赞赏的。他们认为我们无须感恩戴德，也无须惩罚邪恶，我们不必去保护那些穷困的孤儿，也不用赡养自己老迈多病的双亲。虔诚地信奉上帝，恭顺地把他的旨意贯彻到我们的一切行动中，才是我们最为重要的感情，对其他事物的感情都必须为此让路。我们不必为了报恩而感激，为了仁爱而宽厚，为了爱国而热心公益，更不必为了人性的爱而大度正直。我们履行职责的唯一动机，只是上帝对我们的要求。我在此不准备对这个观点做专门的考察，但我认为，上面那些说法一定不会被真正虔诚的人接受。他们会笃信两个原则：第一，用我们全部的智慧、灵魂和经历去爱我们的创造者。第二，像爱自己那样去爱我们的邻人。我们爱他人的同时就是在爱自己，而不是被动去做的。基督教的教义中没有提到“责任感是我们唯一的行动准则”，但哲学或常识都会告诉我们，责任感起的是某种纲领性、决定性的作用。

何时我们的行动要完全听命于某种责任感？何时应该由其他情感对我们的行为起主要指导作用？这个问题的答案分为两种情况：第一，使我们置普遍原则于不顾的情感是可爱还是讨厌。第二，情感自身的性质，决定了它在多大程度上决定了我们的行为。

那些可亲的感情可能会让我们做出优雅和令人尊敬的行为，这出于对普遍原则和对这种感情本身的尊重。一个人帮了别人大忙，受恩者对他没有感激，只是出于责任感做出报答的话，他就会难以接受。一个女人只是因为身为丈夫的妻子而与他亲热的话，丈夫也难以满足。一个儿子对父母只是例行公事似的尽赡养的义务，而非对父母真正的感激和尊敬，父母也会抱怨他的态度。我们乐于看到责任感束缚了这类亲切的社会性感情，而非增进了它们。当我们看到一个父亲必须压抑对子女的溺爱，一个人尽力克制自己的慷慨本性，一个受恩者竭力抑制自己过分的感激时，都会让我们感到由衷的快乐。

但对那些邪恶的有害社会的情绪，应该适用相反的标准。当别人对我们行善时，我们应该对他表示感激和报答，不用考虑自己的做法是否过分。但对于我们受到的伤害，我们应该客观地给予惩罚，而不应做出过激的报复。这意味着，面对伤害最适宜的反应应该是对那种恶行本身的合理愤恨，而不是因为自己被伤害而产生强烈的报复感。像公正的法官一样，只考虑特定的伤害并予以相应的回击。在实施这个准则时，他对受惩罚者的痛苦甚至超过对自身的关注。虽然他对自己受到的伤害感到愤怒，但还是努力用温和得体的方式去实施这个原则，并尽可能地减少对受惩罚者的措施。

据上所述，自私和冲动在任何方面都处于社会性和非社会性的感情之间。在普遍情况下，为个人目的进行的活动，应该来自对普遍行为规范的尊重，而不应该出自对自身利益的冲动。在重大场合，如果目标本身没有引起我们足够的兴趣，我们就会有失格调和风范。当我们为一个先令而斤斤计较时，别人就会觉得我们已经堕落成一个庸俗的商人。即使一个人经济拮据，也必须用自己的行动表现出即使生活窘迫也不会撼动他内心的宁静。他的经济境况也许让他非常节俭和勤奋，但这种行为的动机是遵循普遍的行为准则，而非对财务状况的关注。节约 3 个便士不是他省吃俭用的目的，赚取 10 个便士也不是他不停劳作的动机。他对行为准则的遵循导致了他在生活中为人处世的标准。吝啬鬼关心的只是钱财本身，而真正勤俭的人是出于对自己行为标准的关心。

但对那些会严重影响我们个人利益的事物，标准就全然不同了。一个人如果认真投身那些对他个人利益有重大影响的活动，就不会让人觉得卑劣下贱。一个君主如果努力征服或建立一片领土，就会令人刮目相看。一个没有头衔的绅士若不尽力用正义的手段去获得财富或者要职，就会被我们轻视。如果一个议员对自己的选举不竭尽全力，就会失去朋友和公众的支持。就连一个商人，若不努力赚取利润，也会被别人视作懦弱之辈。富有事业心和无所作为的人的不同之处，就在于这种勇气和热忱上。对个人地位影响巨大的私人利益就是个人抱负的冲动目标。在谨慎和正义范围内的冲动，会显得非常伟大和引人遐想，即使有些过分也会让人尊敬。一个吝啬鬼对半便士的疯狂也许和一个野心家征服一个帝国的狂热不相上下。但伟人和卑劣者的不同就在于他们是否有宏大的目标和卓越的胆识。英雄、征服者或政治家们的行为虽然不都是正义的，比如黎塞留或者雷斯主教，但只要有胆略就会受到人们的一致推崇。

在我看来，决定我们尊重普遍原则的程度的高低，还在于它本身的精确或者含糊。那些支配谨慎、宽容、慷慨、感激和友谊等美德的各种普遍原则，大多没有明确的定义，并且常有例外，经常需要进行修正，所以通过这些原则很难指导我们的行动。那些以日常生活经验为基础的，关于谨慎处世的谚语和格言，也许是最好的行为准则。但固执地坚守这些格言是极为迂腐和幼稚的。我们刚才说到的那些美德中，感恩应该是定义明确，例外最少的了。只要有可能，我们就应该做到感恩，甚至是滴水之恩涌泉相报。我们对此没有什么异议，但若稍加观察，就会发现感恩的含义也是非常模糊的，甚至也有很多种例外。比如，我们生病的时候被某人照顾，当他生病时我们就一定要去照顾他吗？我们应该如何去照顾他才能报答他呢？如果我们经济紧张，曾经借钱给你的朋友也经济拮据，那我们应该借钱给他吗？借多少？何时借？借多久？可见这些问题无法通过任何一条普遍规律找到答案。自身的品质和境况的不同，可以让你对他抱有诚挚的感激却不会借给他半个便士，或者你借给他的钱比他当初借给你的钱多10倍，即便是后者，还是会有人指责你忘恩负义，只知道逃避感恩的责任。虽然感恩的定义不是百分之百的精确，但它还是我们品德中最为高尚、神圣的。除此之外，其他那些美德的普遍原则就更含混不清了。

不过，普遍原则对正义这种美德的外在体现做出了明确的规定，并且精确的没有任何意外和变通。如果我向某人借了10镑钱，不管是在预定的还款期还是在他需要用钱的时候，正义原则都会要求我如数还钱。也许执着于谨慎或慷慨原则会显得呆板迂腐，但严格执行正义原则就不会有这种缺陷，因为我们应该做什么，做多少，在何时何地去做，所有这些确定行为的本质和细节，正义原则都给出了明确答案。即使有时候我们履行正义行为仅出于对普遍规则的要求，虽然这种行为不一定是完美无缺的，但它是值得尊重的。当我们履行其他美德时，不会对某个格言警句格外重视，我们的行为动机更倾向于对恰当感的追求和对特定行为习惯的爱好。我们考虑更多的是准则要达到的目的和基础，而非这些准则本身的意义。但正义与那些情况全然不同。那些坚定不移地恪守正义准则的人，都是最值得信赖和敬重的。正义的目的是防止我们伤害别人。每当我们做出违反正义的行为时，就会编造借口谎称这不会影响到他人。一个人在开始行骗或者打算行骗的时候，就堕落成一个坏蛋。如果他想违背正义原则的各种要求，他就变得不再值得信赖，甚至会犯下更为严重的罪过。如果盗贼认为偷窃富人的东西，并且没有被发现就不算有罪，如果通奸者觉得与朋友的妻子通奸没有被人发现，也没有引起朋友的疑心、没有破坏家庭的安宁就不算有罪，那我们就在这种自欺欺人的圈套里犯下了更为严重的罪恶。

正义准则就像语法规则，指导其他美德的准则就像是文学批评家们对作品的衡量标准。语法是精确且必不可少的，而文学的衡量标准就有些含糊不清，它不是指导我们如何臻于完美的教条，而是对我们行为趋于完美的一种设想。人从学习语法出发，学会如何写作，或许因此学会如何处世。而一些文学的评判标准会在某些方面使我们明确对完美的定义，但是任何准则都不可能帮助我们创作出优美的文学作品。同样，某些准则对美德做出了不够完备的定义，但没有哪种准则能教会我们在任何场合都能表现得审慎、慷慨和慈悲。

有时我们极为真诚地渴望别人肯定我们的事情，结果却与那些行为准则发生了冲突。此时不要指望别人理解我们的初衷，也不要指望别人赞同我们的行为。因责任感和道德感的误导而犯错的人，即使他的行为是错误的，也还是值得我们同情的，他的精神和行动还有值得尊敬的地方。我们天性中的缺点在所难免，即使我们已经努力向善和严于律己，还是经常会被蒙蔽，这些会引起我们深切的遗憾。荒谬的宗教观点把我们引入歧途，那些对责任进行指导的原则，有时会扭曲我们的看法。一般情况下，对常识的了解使我们的行为基本得体，如果我们更加严格要求自己，就会得到赞许。所有人都认为，服从上帝的意志才是最重要的法则，但在我们的行为中，各种具体的准则千差万别。因此，包容和忍耐才是最为重要的品质。

产生罪行的动机是什么？为了维护社会的安定，我们一定要对这些行为加以惩罚。但执迷于宗教导致的罪行，往往使善良的人对它难以下手。旁人不会对这些失足者感到憎恨，甚至还会为他们勇于献身的精神表示惋惜和钦佩。

有时候，我们会因为错误的责任感而误入歧途，如果我们的天性看明白这种情况，就会对我们的行为进行正确的指导。当事人的行为是出于软弱而非原则造成的。所以我们还是觉得他的行为不够完美。一个虔诚而固执的罗马天主教徒，恨不得杀死全部的新教徒。可是如果在圣·巴罗缪的大屠杀中，他因为怜悯心的驱使，挽救了一些不幸的新教徒，我们恐怕不会就此赞扬他高尚。他这么做的原因只是出于一种充分的自我赞同。我们也许会对他的善良感到高兴，但这和对美德的敬佩完全不一样。与此相同，其他的激情让我们逾越原则时，会让我们感觉格外高兴。虽然基督教告诫我们，如果有人打我们的左脸，就把我们的右脸也伸给他，但一个虔诚的教徒在挨了一耳光之后奋力还击，那会让我们更加高兴。这些自我情绪过分激烈的行为虽然不能算作美德，也不能获得我们的理性的敬意，但我们会因此而更加喜欢他。

卷四

效用性对赞同感的作用

第一章

美感来源于效用性的表现

只要对美的本质稍作观察就会发现，效用性是所有艺术品美感的主要来源之一。

居室的规则有序会给观察者带来快感，但同样它的便利性也毫不逊色。而如果对称的窗子有不同的形状，或者门没有设在房间的正中间，观察者就会感到难受。任何设备或机器只要能在效用性上达到预期的效果，都会自然地赋予总体一定的适宜感和美感，使人们觉得愉悦。

效用性为什么使人感到快乐？一位富有独创性并受人欢迎的哲学家做出了解答。他认为任何东西都是因为不断给它的主人带来最适宜的便捷，从而使主人觉得快乐。每当主人看到它的时候，就会沉浸于这种愉悦之中，这一物体就以这样的方式成为他获得满足和快乐的源泉。观察者受主人情感的感染，会用同样愉快的眼光来观察这一物体。比如说，当我们参观大人物的豪宅时，我们难免会把自己想象成房子的主人，为拥有如此巧妙构思、精心设计的居室而感到快乐和满足。他还用类似的理由来解释为什么任何物体外观上的不便利都会使人感到不快。

但是，任何艺术品的这种适宜性和精妙的设计，往往比它的效用性更受人们的重视和青睐。而人们对这种愉悦感本身，却不如对追求这种愉悦感的过程更为重视，似乎这才是它真正价值的体现，这一点几乎人们都还没有意识到。然而这种现象是十分普遍的，如果你稍作观察，就会在生活的任何一个角落留意到。

效用性对赞同感的作用

当一个人走进自己的房间并发现椅子都摆在房间的中间时，他会对仆人大发脾气。或许他宁可自己动手、不厌其烦地把它们重新靠墙摆好，也不愿意看到它们一直这样乱七八糟地摆放着。腾空了居室空间，带来了更多便利，这就是重新布置的意义所在。但主人无法忍受没有这种便捷所产生的不愉悦感，为了这种便捷甘心受累，因为最舒服的是一屁股坐在其中一把椅子上，当然他忙完后也完全可以这么做。所以，他需要的好像不是这种便捷本身，而是产生这种便捷的家具摆放方式。正是对便捷性的需求促使他收拾房间，从而享受环境带来的适宜感和美感。

同样道理，一只怀表每天走慢两分钟，很讲究的人肯定不会喜欢。他很可能会用几个尼的价钱把它卖出去，然后用五十几尼再买一只即使两个礼拜也慢不了一分钟的表。表的唯一效用是计时，使我们不失约，避免失约产生的麻烦。然而，这个对表如此讲究的人，却未必比其他人更准时，也未必比别人更着急了解每时每刻的确切钟点。吸引他的不是掌握时间，而是有助于掌握时间的机械的完美性，即机械的便利性。

很多人因为沉溺于那些没用的小玩意儿而倾家荡产。其实，他们喜欢的不是这些小玩意儿的实用性，而是能增进效用的精巧性。这些人的口袋里塞满了各色小玩意儿，他们设计出新的口袋，以便携带更多的小玩意儿到处晃悠。这类小玩意儿可能有时能派上点用场，但大多数时间都是可以省掉的。它们的效用性加起来都抵不过整天挂着它们所带来的麻烦。这是人类的一种本性，它带来的影响远远不止表现在这些小玩意上。在人们的社会生活中，很多重要严肃的事物都隐含了这种动机。

举例来说，当一个出身卑贱的穷孩子思考自己的身世时，他会羡慕那些富人的环境。他会觉得自己的家庭能给他提供的便利太少，他梦想能住在阔人的豪宅里，他对自己不得不徒步行走或者忍受骑马的劳累感到不快，他想象自己也能像富人那样乘着马车四处旅行。于是他开始努力，以便有朝一日能过上那样的日子，享受有一大批仆人使唤所带来的便利。当他沉溺在幸福的幻想之中时，他又想到那些地位更高的人物的生活场景。

为了这些想象中的优裕，他削尖脑袋追求钱财和社会地位。他在起步的一年中卑躬屈膝，在头一个月里低三下四、劳神费力。为了脱颖而出，他拼命劳作，为获得一个高升的机会向别人摇尾乞怜，给自己最瞧不上的家伙卖命，奉承那些他最蔑视的人。所有这些比他在原来不便利的生活里所受的罪要多得多。就这样，他牺牲了随遇而安的生活，把一辈子都用来追求事业和优裕的生活。然而临终前，他会发现自己原来放弃的小小的安宁、闲适的生活要比这到手的功业强得多。就像花花公子的小玩意儿不能使身体安康、灵魂宁静一样，钱财与地位也是同样毫无用处，或者说带来的便利远不能弥补它所带来的麻烦。豪宅、园林、精美的家具、众多的仆从，这些也不过是用品，只是它们明显的便利给我们的印象更深刻罢了。其实，一个牙签、挖耳勺、指甲剪以及类似的小东西带来的便利不在那些奢侈装备之下，可是它们不显得那么奇异，也就不受人们的重视。因此它们不会像钱财、地位一样成为满足人们虚荣心的目标。钱财、地位的更大便利，也许仅是能够满足人们的虚荣心而已。对于一个独自在荒岛生存的人，很难说豪宅或者小玩意儿对他的享乐到底有什么意义。

在社会生活中，我们始终注意的是旁观者的情感，而不是当事人的情感，而且我们始终考虑的是某人的处境在别人的眼里是什么样子，而不去考虑在他自己的眼里是什么样子。如果我们换个角度，考虑一下为什么旁人如此羡慕富人的生活，就会发现那是因为他们拥有各种可以获得安闲快乐的物质，而非他们真的享受了别人难以获得的快乐和满足。富人不一定觉得自己比别人幸福，但他拥有更多的可以获得幸福的手段。正是这些能达到预期目的的手段引起了旁人的钦佩和羡慕。但是，在年老多病、衰弱乏力之际，显赫地位所带来的那些空洞和无聊的快乐就会消失。对处于这种境况的人来说，这种空洞无聊的快乐再也不能促使他从事那些辛劳的追逐。他会在心中后悔年轻时候的野心，留恋少年时候那闲适懒散的生活和一去不回的享乐机会。他牺牲了安宁的生活，却只得到了难以带来任何真正满足的物质和满腹的失落、空虚。

如果一个达官显贵被贬黜而成为一个普通人，他会认真思考自己的境遇和自己真正需要的生活。他会发现权势与金钱就像个机械，为了身体的小小舒适而设计，由纤细灵巧的发条装配而成。如果要它正常运转的话，就必须非常小心周到地保持养护。可无论怎样小心翼翼，它还是随时会炸得七零八落，使它的主人饱受创伤。它们就像是巨大精美的建筑，需要用毕生的努力去建造，虽然它们可以使住在这座建筑物中的人免除一些小小的不便利，可以保护他不受四季气候中寒风暴雨的袭击。但是，住在里面的人却时时刻刻面临着它们突然倒塌的危险。

人在病痛或失望时往往万念俱灰，把平日追逐的那些宏伟计划看得一文不值。一旦大病初愈，心情转好，又会从更令人愉快的角度来看待那些目标。我们的想象，在痛苦和悲伤时似乎禁锢和束缚在自己的身体内部，在悠闲和舒畅时就扩展到周围的一切事物身上。于是，富人们流行的新巧玩意儿和它们的雍容显贵深深地吸引着我们，我们用充满艳羡的目光注视着它们如何给主人提供消遣、满足和舒适的生活。可是如果我们认真去思考一下它们所带来的真正的心灵满足，就会发现那些精美玩意儿所具有的美感是多么无聊且微不足道。然而我们用这么抽象和哲学的方式来思考它们的时候确实不多。在我们的想象中，它们带来的满足与世界和谐、有秩序而有规律的运行几乎是一回事。这样看来，高官厚禄所产生的愉悦会使我们觉得它们是那么重要、美丽和高尚，值得我们为占有它们而劳苦毕生。

人类的天性很可能正是以这种方式来欺骗我们，不断地唤起和保持人类勤劳的动机。正是这种蒙骗，最初促使人类耕种土地，建造房屋，创立城市和国家，在所有的科学和艺术领域中有所发现、有所前进。正是这些科学和艺术提高了我们的生活水准，使生活充满新奇和变化。它也在最大限度上改变了世界，使自然界的原始森林变成适宜耕种的平原，把沉睡荒凉的海洋变成新的粮库，变成通达大陆上各个国家的航行通道。人们的劳作使土地越来越肥沃，维持着成千上万人的生存。骄傲而鄙吝的地主们巡视自己广阔的田庄，全然不关心同胞们的命运疾苦，徒劳地试图独吞土地上的一切产物。但是他肚子的容量比一个普通的农夫也不会大多少，他不得不把自己所消费不了的东西分给别人：做饭的厨子、盖房子的泥瓦匠、为他提供各种工具和小玩意儿的手艺人，等等。于是，这些人都有了一份糊口之物。所以，在任何时候，土地提供的食物大体能养活所有的居民，而富人只是从这大量的产品中选用了最贵重和最中意的东西。尽管他们是自私的和贪婪的，但是他们还是同穷人一起分享他们所进行的一切改良的成果。一只看不见的手引导人们对生活用品进行了分配，而且几乎与所有居民平均占有土地的情况一样。这样，就无形地推进了社会的总体利益，给越来越多的人提供了生活保障。当神把土地分给少数地主时，他既没有忘记也没有遗弃那些在这种分配中似乎被忽略了的人，后者也享用着他们在全部土地产品中所占有的份额。

在构成人类生活的真正幸福的因素之中，他们无论在哪方面都不比地位远远高于他们的那些人差多少。在肉体的舒适和心灵的平静上，所有不同阶层的人几乎处在同一水平，在大路旁晒太阳的乞丐也享有国王们正在为之战斗的那种安全感。

人类共同的对于秩序规律之美、艺术之美和创造之美的追求本性，使人们喜欢、乐于去实施可以提升社会福利的制度。爱国者们为了改良社会面貌和政治领域而鞠躬尽瘁，但是他们的行动并不是出于对可以从中得到好处的那部分人的单纯的同情。一个热心公益的人赞助修公路，通常也不是出于对邮递员和车夫的同情。立法机关会通过奖金或其他政策鼓励麻线或呢子的生产，也未必是由于同情穿麻布或者呢子服装的人，更不是同情纺织品制造者或者经销商。政策的完善，贸易和制造业的扩展，都是高尚和宏大的目标。有关它们的计划使我们感到愉悦，任何有助于促进它们的事情也都使我们满怀兴奋地去做。它们是我们政治制度不可或缺的环节，推动着国家机器协调迅疾地转动。当这个体制受到了阻碍而无法正常运行时，我们是无法安宁的，而看着这个如此重要的体制日益完善，我们又感到欣慰不已。那些政策法规的唯一用处，就是使人们过得幸福安康，它也因此得到人们的尊重和景仰。可有时，出于某种对制度的认同，或是出于某种对艺术及发明的热衷，我们好像不重目的而更重手段，并且希望这种手段使我们的同胞更加幸福。但是与其说是出于对同胞的痛苦或欢乐的任何直接感情，不如说是为了完善和改进某种美好的有规则的制度。所以，有些具有崇高的热心公益精神的人，在其他方面就没有那么慈悲为怀了。这些自相矛盾的方面很容易在人们身上发现。想想古代俄国那个著名的立法者，谁能比他更缺乏人性而更热心公益呢？而相反，和气与生性仁慈的大不列颠国王詹姆斯一世对本国的光荣或利益几乎没有做任何事情，没有任何激情。要唤起这类人的勤勉之心，如果你告诉他，阔人们过的是如此安逸舒适的生活，不受日晒雨淋，不用挨冻受饿，不用劳苦穷困，那是毫无用处的。要成功说服他，你就得给他认真描述阔人的豪宅里厅堂宽广，陈设豪华，你得一项项地讲明白各种陈设的用处，说明所有下人的数量、级别和不同的分工，只有这些才能对他产生影响。同理，如果你要在那个似乎不关心国家利益的人的心中树立热心公益的美德，向他空谈经邦济世之乐是徒劳的，跟他说理想国臣民的快乐生活也毫无意义。如果你向他描述带来上述种种好处的伟大的社会政治制度，向他解释其中各部门的联系和依存关系，它们彼此间的从属关系和它们对社会幸福的普遍有用性；如何可以把这种制度成功引进自己的国家，从而使整个国家机器运转得平稳而高效，你就有可能说服他。没有人会听了这个而无动于衷的，最起码他会暂时振作起来。没有什么东西能像研究政治（各种制度的便利性，各种制度的利害关系，本国的体制，它面临的形势，它在不利条件下所做出的努力，它可能遇到的危险，如何消除这种不利条件）那样更能使人发扬热心公益的精神。因此，各种政治研究（如果它们是正确的、合理的和具有实用性的话）都能用来做最有用的思辨工作。就连最没有说服力的人使用这个方法，也不是全然没有效用的。它至少能够激发人们热心公益的精神，并鼓励人们去寻找增进社会幸福的办法。

第二章

效用的表现赋予品质和行为以美感并使之成为一种赞同原则

人的品质和行为之美，如同艺术的创造和国家的机构一样，皆从有用性而来。这种美的概念很大程度上受到来自内心的赞成。人的品格也能对个人和社会的幸福产生影响。谨慎、公正、积极、坚定和朴素的品质会给当事人和与之有关的人带来满意，相反，莽撞、懒惰、懦弱以及贪杯好色之徒不仅自己一事无成，也会连累别人。前者的灵魂是美的，像完美的机器一样充满了让人愉悦的美，而后者的灵魂则像那些粗劣笨拙的装置一样充满了缺陷。有哪一种政府机构能像智慧和美德的普及那样有助于促进人类的幸福呢？一切政府都只是对智慧和美德的缺乏进行补偿的。所以，尽管因为政府机构所起的效用，美可能属于政府，但它必然在更大程度上属于智慧和美德。同样，也没有什么恶劣的政策能比人性的罪恶更有破坏性。愚蠢的政府之所以被人鄙弃，就是因为它不能弥补人性的邪恶所引起的危害。

哲人评价各种品质的优劣，往往是根据它们产生效果的好坏。哲学家研究人们为什么称赞人道的品质而谴责邪恶的品质时，未必有一种很明确的心态，而通常是根据它们暗含的意义。但是，只是在特殊情况下，行为的合宜或不合宜，行为的优点或缺点，才十分明显而可以辨别。只有当特殊的事例被确定时，我们才清楚地察觉到自己和行为者的感情之间的一致或不一致，或者在前一场合感觉到对行为者产生的一种共同的感激，或者在后一场合感觉到对行为者产生的一种共同的愤恨。我们抽象思考美德与邪恶时，不同品质引发的那些不同的情感就模糊不清了。相反，美德所产生的使人幸福的结果，和罪恶带来灾难的后果，那时似乎都浮现在我们眼前，并且好像比上述两者所具有的其他各种品质更为突出和醒目。

有位别出心裁的著述家最早阐述了为什么效用性使人产生快乐的道理。他认为我们对美德的赞同，是因为我们直接察觉到这种品质产生于效用的美。他认为除了那些对自己和别人都产生效用的品质之外，没有什么品质能作为美德被加以赞同。同样，除了那些具有相反趋向的品质之外，也没有什么品质能被作为邪恶加以反对。人的天性恰当地调整了我们关于某种品质的赞同或者反对的情感，也就是说我们的本性决定了我们的好恶。我认为，这是普遍存在的。但是，我仍敢断言，对于这种效用或者危害的看法，并不是我们产生赞同和反对情感的首要或主要原因。这些情感无疑由于对美与丑的知觉而得到强化。而有用性或危害性却决定了美与丑的本质。可是我还是认为这些情感本质上与这种直觉截然不同。

首先，这是因为我们对于美德的赞美不可能与我们赞美某种设计良好的建筑物时所怀有的情感相同。

其次，考察一下，我们就会发现，某种品质的有用性很少成为我们对其进行赞美的最初依据。赞同的情感总是包含有某种合宜性的感觉，这种感觉和对效用的直觉是完全不同的。所有关于美德的例子都是如此。根据这样的区分，美德是因为对我们有用而最初就受到重视和尊重，而不需要在实现了其有用性之后才被我们重视。

对我们自己最为有用的品质，首先是较高的理智和理解力，我们靠它们才能觉察到自己所有行为的长远后果，并且判断从中可能产生的利益或害处。其次是自我控制，靠它们我们能忍受暂时的痛苦，或放弃暂时的快乐。审慎的美德就是由这两者结合而成的，它对所有人都是有用的。

高明的智慧首先被人称道，不仅是因为有利，更是因为正义、合宜和精确。艰深的数学领域乃至高等数学，最能体现人类智慧的伟大。但是那些科学的效用，个人或公众都不是非常了解，而要去证明这种效用，也是非常不容易的。因此，最初使它们受到公众钦佩的不是它们的效用，而是它所表现出来的高明的智慧。这种品质是很难坚持的，特别是对那些对发明既不懂也瞧不起的人的当面责难时。

与上述道理相同，人们的自我控制能力有时会使人们压抑一时的欲望，以便在另一场合得到更充分的满足。这种自我控制力因而在有用性和合宜性方面都受到我们的赞同。我们这么做的时候，和一个旁观者的心态差不多。而在旁观者看来，一周和乃至一年以后的快乐毫不逊色于眼前的欲望诱惑。所以，如果我们为了眼前的利益而牺牲将来的快乐，在旁观者看来是极其不理智的。相反，当我们放弃当前的快乐以便得到将来更大的快乐时，则会因为这种自律性而得到旁观者的钦佩。因此，人们自然而然地对俭朴、勤劳和毅力的自我控制的品质表示高度的尊重，虽然俭朴、勤劳和毅力也不过是为了获得更多的财富和地位。同样，人们也会去赞许那些为了获得遥远但巨大的利益而牺牲安逸、辛苦劳作的人。这是一种人类感情上难得的共鸣。有时，赞许之情甚至会上升为尊敬和仰慕，这种意识推动着那些行动者继续前进。10 年后预期的快乐一定比眼前的快乐虚无缥缈得多，而前者产生的激情的合宜性又比后者要强得多，所以对于前者的追求能给人们带来尊敬与钦佩，而对后者的追求则会遭到轻视和嘲笑。

人道、公正、慷慨大方和热心公益的精神都是对别人最有用的品质。前面我们已经对人道及公平的合宜性进行了探讨，结论是我们对这些品质的赞同很大程度上来源于当事人和旁观者情感的共鸣。

慷慨大方、热心公益与正义所建立的基础相同，都是出自其合宜性。慷慨大方不同于人道，这两种品质看起来联系密切，而实际上总不为同一个人所有。人道是属于女人的美德，慷慨则是属于男人的美德。女人比男人温柔体贴，却没有男人慷慨大方。女人很难做出重大的捐赠行为，这一点很早就被《民法典》的立法者发现了。人道感情产生于旁观者对当事人的强烈同情之心，同情使他们喜怒与共。人道的行为不需要自我否定，不需要自我控制，也不需要有关合宜感的巨大努力。但是慷慨就不一样了。没有人生来就是慷慨的，也没有人天生就愿意为上司或朋友的利益而牺牲自己的利益。而当一个人认为别人的贡献使他们更有资格担任自己的职位而主动让贤的时候，当一个人为了救助别人的生命而牺牲自己的生命的时候，他们的行为都不是出于人道，也不是因为他们有多么无私，而是因为他们在这么做时，看待两种利益的眼光是从旁人的角度出发的。从旁人看来，好人的出手相救肯定比只靠自己好得多，于是人们在决定为他人的利益牺牲自己的利益时，一般是从旁观者的身份来考虑取舍的。比如说，如果一个士兵没做错什么而长官牺牲了，这时候他不会有太多的感受，只会考虑自身的利益。而当他想要得到旁观者的理解和赞许时，他就会认为长官的生命比他自己的生命要珍贵得多，于是当他为了保护长官的生命而牺牲了自己的生命时，所有旁观者都会认为他的行动是非常合宜而又令人钦佩的。

热心公益的精神所需要做出的更大努力也是如此。如果一个年轻的军官为了国王的领土得到那么一点点微不足道的扩张而殉职，并不是因为他认为国家的领土比自己的生命更有价值，而是因为他在对比这两者的价值时，是以旁人的眼光、民族的眼光来看待。对整个民族来说，战争的胜利是至关紧要的，而个人的生命是无足轻重的。当他这么想时就会觉得，为了这个崇高的目标，他就是抛头颅洒热血也值得。英雄主义便体现在这种对自然感情的成功抑制中，而这正是出于强烈的责任感和合宜感。有许多可敬的英国公民，平时从个人角度看问题时，会觉得米诺卡的失陷不如一个几尼的损失更让人揪心。而一旦他们的责任是保卫那座堡垒时，他们就会万死不辞。当布鲁图一世由于他的儿子们阴谋反对罗马新兴的自由而把他们判处死刑时，他是以一个罗马公民而非一个父亲的眼光看待他的儿子们，从而大义灭亲。对一个罗马公民来说，即使是布鲁图的儿子，在同罗马帝国的利益放在一起时也是微不足道的。我们对这类品质的钦佩，与其说是因为其效用性，不如说是因为它的出乎意料、伟大崇高所表现出来的合宜性。当然，在对它的效用性进行考察之后，我们会对它产生进一步的情感赞同。而这种美，通过人们的深思熟虑才能察觉出来，绝不是一开始就受到了人们的情感赞同的。

如果就赞同的情感来自效用的这种美的知觉作用而论，赞同的情感和他人的感受没有丝毫关系。所以，一个与社会完全隔绝的人也会成长起来，他也可以在谨慎、节制和良好的行动中觉察到这种美，在相反的行为中觉察到丑恶，通过这种效用性来感受美和丑。他也能够像欣赏一架精密仪器一样欣赏自己的品格。然而，由于这些概念只涉及爱好问题，而这种爱好正是建立在这类概念的合宜性之上，因而易被一个处于封闭状态中的人所察觉。在他融入社会之前，他无法把二者联系起来，他不会因为品质方面的缺陷而惭愧，更不知道自己会因此受到惩戒；也不会因为意识到自己的美德而振奋，或者知道这将使他得到奖赏。所有这些都意味着，他人的想法才是真正的法官，只有对他人的想法抱有同感，才能够感受到自我赞赏的喜悦或自我谴责的羞耻。

卷五

道德赞许评价标准中风尚和习惯的作用

第一章

习惯和风尚对美与丑看法的影响

我们已经在前面讨论了何种原则会影响我们人类的情感。在不同的时代和不同的国家，何种行为值得赞扬和责难，用这些原则就可以界定出来。在这一篇中，我们要讨论习惯和风尚两种原则是如何影响我们判断美的。

如果两个事物经常在一起，即使只是出于一种纯然的习惯而已，人们也会因此把两者联系起来。打个比方，如果一套衣服缺少了一些惯常的装饰，而且如果这种搭配有着某种自然的搭配感，我们就会觉得非常别扭。有些人习惯用高尚的眼光看待世界，而厌恶一切平庸或丑恶的事物。如果那些事物存在不恰当的联系，我们就会慢慢淡忘那种感觉。肮脏混乱的人丧失了对整洁和优雅的感觉，不同的人对不同样式的家具或衣服有不同的感受等。

广义上的风尚是指某种特殊的习惯，而狭义的风尚则特指身份高或者素质好的人身上体现的风尚，而非贩夫走卒之流。大人物平时衣饰豪华，举止优雅，不怒自威，所以他们偶然摆出的姿态会有一种特殊魅力。等到大家习惯了这样，他们也就成了雅致和豪华的代名词。其实这种姿态并没有太多的内在含义，如果哪天大人物换上了另外一套架势，可能就变成了下等人的样式。

风尚的产物有很多种，最普通的包括衣服和家具，当然，其产物还涉及人文情趣等各个领域，如音乐、诗歌、建筑等。单纯从衣服和家具来看，习惯和风尚只是一时的流行，因为人们总爱嘲笑5年前流行的式样。制作衣服的质料都不很耐久，如果一件漂亮袍子要花12个月才能缝好，那就根本谈不上什么流行了。家具比较结实耐用，所以它的式样不像服装款式变化那么快，不过，每5～6年，家具式样就要有一次革新。人一生中有机会见到家具的很多种流行式样。从艺术品（诗歌、建筑等）来看，人们的审美标准不会很快随着习惯和风尚而变化。一幢建筑如果施工精良，可以存在好几个世纪；一首歌曲如果优美，可以口耳相传很多代；一首诗歌如果动人，可以流芳百世。原因就在于创作者的独特风格、情趣和手法。人们在一生中很难有机会看到这些艺术形式发生重大变化，对不同的年代和国度里的流行艺术也没有多大机会了解，所以很难不带偏见地把他们与自己身边的流行时尚进行比较。人们总觉得艺术品是以理智、天性为标准的，不过仔细想想就会发现，建筑、诗歌及音乐之于衣服和家具，它们受到习惯和风尚的影响丝毫不逊色。

举几个例子来说，多利亚式石柱的高度为直径的8倍，爱奥尼亚式石柱的高度是柱头盘蜗直径的9倍，科林斯式石柱直径是柱头叶形装饰的10倍，要说哪一个最恰当，只能以风尚和习惯为标准。当我们习惯了某种装饰的特定比例关系，再看其他的比例关系时，就会觉得不舒服。如果把各种柱式特定的装饰物换成其他风格的装饰，会引起那些对建筑学深有造诣的人的反对。按建筑师的说法，正是根据这些精确的原则，先人为每一个石柱配了适当的装饰，此外再无他选。无论如何，如果用同样的角度来修改某些建筑，即使动机再高雅、优美，但是建筑学的特殊准则已经被习惯定型。这些习惯都是枉然可笑的，就像一个人穿了身与他以往的装束大相径庭的衣服，出现在公共场合时会显得滑稽可笑，即使新装本身非常雅致合体。这和用与流俗观念完全不同的方法去装修房子的道理是一样的。

古代论者认为，诗歌的一定韵律体例天生表达某种感情和内容，严肃或轻快的风格各有其对应的体例。这种说法看上去站得住脚，遗憾的是现代人的感受似乎不符合这一原理。英国的诙谐诗与法国的英雄诗用的诗体相同，在拉辛的悲剧或伏尔泰的《亨利亚德》中，几乎可以找到同样的诗句："汝之良言，吾人没齿难忘。"法国的诙谐诗也并不比它逊色。由于习惯的原因，某种韵律在一个国家代表庄严肃穆的感情，而在另一个国家，它却与诙谐幽默密不可分。如果用英语书写法国亚历山大风格的悲剧，或者用法语创作十音节诗，都是荒谬可笑的。

一个高明的艺术家会用改良已有艺术形式的方式开创全新的写作、音乐或建筑风尚。一个有名望的大人物穿上某种怪诞的装束之后，会使它迅速成为潮流，就像一位出色的大师的新手法也会在行内成为楷模一样。在那 50 年的时间里，意大利人的音乐和建筑情调发生了显著的变化，但这不过是出于对大师的模仿，因为这些人在音乐与建筑学等各个艺术领域中已经拥有了显著的地位。昆德良批评塞尼加扰乱了罗马人的情趣，抛弃庄重理性的雄辩而煽动浮华轻佻之风。萨卢斯特和塔西佗也受到了类似的指责，说他们提倡一种虽然简洁优美、诗意盎然，但明显是劳神费力和矫揉造作的风格。究竟需要用何种素质来使一个作家的不足变为特色，我们不得而知。但当我们赞扬了一个民族的情趣的改善之后，说一个作家败坏了这种情趣，或许就是对他的最高度的颂扬吧。在英语作家中，蒲柏先生的长诗和斯威夫特博士的短诗创作都有所创新。斯威夫特式的简易流畅取代了巴特勒的诡怪神奇。虽然说德莱顿和爱迪生分别有着生动和精确的长处，但还是被人们抛弃了。而蒲柏先生那种细致简练的风格已经成了长诗的标准风格。

习惯与风尚除了会影响艺术作品外，也会影响我们对自然之美的感受。万事万物中存在着各式各样的美，我们欣赏每一种动物自身特殊的身体比例之美，且不会把这种标准用在其他动物身上。渊博的耶稣会教士比菲艾神甫认为，事物的最美状态存在于其最常态的状态中。以此类推，人的容貌之美属于一种中庸状态，与各种丑恶的造型相去甚远，比如一个漂亮的鼻子，不长不短，不直不弯，在各种极端状态中处于中庸地位。有些东西即使有细微的差别但大体还是相像的。我们对着同一个图案临摹出来的画都是大体相同的，原型的最主要的特征都是可以找到的，而且最细心的作品和最粗心的作品具有更大的相似性。这与某种生物中最漂亮的具有该生物最明显的特征，而丑陋的则不具备是一样的道理。根据比菲艾神甫所说，“各种事物中，最为常见的即为美，所以人们要先通过实践和经验来认真研究，才能说什么东西是美的。”每种事物的美都有其独特性，不同物种和国家之间的审美都有所不同。关于花朵、马匹或什么东西的美的标准，我们不能用在对人体美的评价上。同样，地域及生产生活方式的不同、生物适应其生存环境不同产生的形态差别，又都产生了不同的美的标准，如摩尔马之美不同于美洲马之美。不同国家间关于人的体形和面孔的美的标准，更是千差万别。例如，在几内亚海岸，白皮肤就是一种惊人的丑陋，而塌鼻子和厚嘴唇则是美的。北美的某些野蛮民族有给婴儿头上绑四块木板的习惯，这样趁孩子的骨头柔软尚未成型，就把头塑造成了四方块的形状。欧洲人对于这些凶暴荒唐的习俗很是惊骇，某些教士认为这来自那些民族的野蛮未开化。不过最令人惊讶的是直到最近的 100 年里，欧洲女人都在拼命把自己漂亮的圆脑袋压成同样的四方形。尽管在所谓文明国度里，大家也都明白这些习俗会带来很大的痛苦和疾病，可因为习惯的力量，它们仍然广为流行。

按照那位渊博而睿智的神甫的美学体系，美感的全部魅力在于人们出于习惯而形成了对特定事物的深刻印象。但是习惯是否是人们判断外在美的全部标准呢？人们可能喜欢任何形状，因为它们有益于达到某种目的，这好像与习惯无关。人们的眼睛见到某种颜色会愉悦不已，迷人的外表、姿态万千总比丑陋更让人们喜悦，逻辑关系清晰的互相联系要比杂乱无章的组合更受钟爱。习惯不是美感的唯一准则，但我们很难认可与习惯冲突以及不常见的形态，相反，只要符合习惯，就不会差到哪里去。

第二章
道德情感受习惯和风尚的影响

习惯和风尚对于美感的影响是全方位的，以至于行为美也不例外。但习惯与风尚对行为美的影响还是比较小的。由于习惯的作用，不管开始时外在形态与习惯或者风尚多么水火不容，但时间久了总能让人们看顺眼。然而习惯和风尚永远不会接纳尼禄式的残暴或者克劳迪厄斯式的轻蔑。美感本身往往美丽而柔弱，所以通过习惯或教育很容易纠正。人性中最强烈的是对道德的赞许或批判之情，美感与道德可以有些细微的偏差，但不能被完全歪曲。

习惯和风尚影响道德情感的作用不大，但途径和其他美感相似。当习惯和风尚与人们天生的是非道德观相吻合时，人们的情感会更加敏锐，爱憎会更加分明。比如，受真正良师益友影响的人习惯于正义、谦逊、人道和理性，而不能容忍它们的对立面。那些在暴力、堕落、虚伪中长大的人，由于已经习以为常，即使良心未泯，也会完全丧失自己对恶行的愤慨。

在特定的历史阶段，风尚也会赞同某种程度的混乱，或者冷落某些本应受到尊重的品质。在查理二世时期，习惯看法较为另类：放荡不羁是一位绅士而非清教徒的特征，并与慷慨、真诚、高尚和忠心耿耿联系紧密；庄重的举止和得体的行为则跟欺骗、狡诈、下流、伪善一道。当时的浮华之徒都爱赞美大人物的缺陷，好像这些缺陷体现着高尚的美德，代表着自由、独立、坦诚、大度和温文尔雅。与之相反的如节约、勤勉和诚信的人，只因为他们的地位较低，这些美德在浮华之徒的眼中都是粗俗可憎的，并一厢情愿地将这些美德与卑鄙、怯懦、暴躁、伪诈等缺陷相提并论。

人们的行为方式和思想感情因为职业和生活境遇的不同而不同。每个阶层和职业都有其惯常的准则。可是由于人们普遍认同的中庸的思维方式，在各个阶层中，特殊的生活条件和境遇给特殊的人群的烙印并不会太深或太浅。体现职业特征很正常，但无时无刻故意卖弄就不招人喜欢了。同样，不同的生活和年龄阶段也都有不同的行为方式，人们习惯于老年人庄重沉稳、衰老多病和饱经风霜，习惯于年轻人的机敏、活泼和朝气蓬勃。不过，人们不喜欢老年人的保守迟钝或者年轻人的轻浮虚幻。人们还是希望年轻人学习老年人的老成，希望老人也保持青年的轻快活跃。但是如果老年人的呆板、拘谨出现在年轻人身上就很滑稽，年轻人的放纵、轻率和虚荣出现在老年人身上反而会被人蔑视。

受习惯影响而形成的各个阶层或职业的特殊行为方式，有时可以脱离习惯而具有适当的独立性。说一个人的行为是恰当的，是因为他的行为可以适应他所处的所有环境而不是某一处环境。如果他只能适应一种环境而不能恰当地适应其他环境，那就是不恰当的。不过，如果环境没有发生太大变化，人们也不用太过强求。一位军队的将领可以在私生活中对失去独生子表现出悲伤和脆弱，但如果在公众的安全和荣誉正需要他倾尽全力时，表现出这种情感就是不可原谅的。因为在正常情况下，不同职业的人们处理的是不同的事务，因而产生的也是不同的感情，习惯把它与某种职业联系起来了。人们应当设身处地地从他们的角度考虑问题。人们可以希望一个官员表现出对生活乐趣的追求，但难以接受一位牧师也这样做。因为牧师作为一个传播天国福音的信使，轻率和冷漠都不适合他完成使命。即使生活得轻松放荡的人们也会认为，牧师的心灵应该充满庄严肃穆的情绪，而不是各种鸡毛蒜皮的琐事，这个印象也是被人们广泛接受的。

还有些职业通常具有的品质让人无法评论，对于这些职业的赞许一般是出于习惯而非深思熟虑。以士兵为例，人们对他们的印象往往是寻欢作乐和轻浮放荡。但是在认真考虑之后认为，这种职业最适合的品质应当是老谋深算。但事实上，由于长期生活在战斗的阴影中，士兵心理上非常沉重，几乎无人能够负担，因此他们会沉湎于酒色，他们只是借行乐忘掉自己眼前的境遇。一个市的卫戍司令往往和其他的老百姓一样精明而吝啬，因为长久的和平会泯灭军人和百姓之间的个性区别。我们已经给那些大人物的举止贴上了与其阶级相对应的标志，所以如果没有见到我们所期望的，我们就会感到非常失望。

同样，不同时代和不同国家的人们的性格也不同，因此人们对各种品质的评价标准也因国度和时间的不同而不同。在俄罗斯被看作阿谀奉承的举止，在法国宫廷则可能显得粗野鄙俗。波兰贵族中还算吝啬节约的习俗，到阿姆斯特丹公民身上就是极大的奢侈浪费。不同的时代和国度都把上层人常有的品质说成是美德，思想感情也伴随它们而相应变化。

文明开化的国度会重点培养关于人道的美德，而对自我克制和约束的培养则相对较少，而野蛮未开化的国家正好相反。受文明时代的灯红酒绿、歌舞升平的影响，人们往往缺少对艰难困苦和危险的耐受能力。没有人强调节制欲望的必要性，任凭纵欲在各个领域里泛滥。

野蛮人和未开化民族的情况完全相反。野蛮人每个人都受到斯巴达式的坚忍训练，再加上环境所迫，他们能够忍受各种艰难困苦。环境让他们习惯了各种痛苦，也养成了他们不向任何困难低头的作风。他们不指望同胞们对他们的缺点表示同情或帮助，因为他们往往自顾不暇，无法向他人伸出援助之手，所有的野蛮人都在为满足自己的需求而劳苦奔波。他们不愿因为一点小小的困难而声名扫地。不管情绪有多么的强烈，他们都不允许影响其内心的镇定。据说北美的野蛮人无论在什么场合都会表现出一种气定神闲的架势。如果流露出了爱欲、痛苦或者愤怒等感情，他们会觉得非常丢人。这些不是欧洲人所能想象的。如果一个国度里所有人的地位和财产都差不多，父母决定了所有的婚配，要是哪个青年对别人情有独钟或是过分关注，甚至与其订婚，一生都会被人瞧不起的。在野蛮人眼中，其他所有国家都被认可的两性公开同居是最无耻的。即使能够结婚，他们似乎也为如此卑鄙的结合方式蒙羞。他们无法独立出来共同生活，只能住在父母家里，找机会偷偷相约。野蛮人不仅在这种本性上具有巨大的自我控制能力，而且能够麻木地忍受各种责骂、侮辱，即使在亲人们众目睽睽下也毫不冲动。当一个野蛮人被对手俘虏并按惯例处死时，他照样不动声色，即使受到了最可怕的拷打也不会呻吟。除了表现出对对手的蔑视，他几乎没有任何反应。当对手慢慢点起篝火行刑他时，他会嘲弄行刑的家伙，威胁他们。如果对手中的任何一个人落在他手里，他会用比这更残酷的办法来处置这个人。为了加强受刑者的痛苦，在几个小时的在他身上最敏感、最柔软的所有部位行刑之后，会把他从火堆上放下来一会儿。在这段时间里，他会说起各种与自己无关的琐事和天下大事。其他围观的野蛮人也同样麻木不仁。他们吸着烟叶，开着玩笑，除了需要行刑的时候，几乎不看那个受刑的家伙，好像根本没有这回事一样。野蛮人从小就知道迎接他们的会是这种命运，为此他们专门创作了一种所谓“死亡之歌”。当他们被敌人俘虏并要被折磨致死时，他们会唱起这首包含了对敌人、对死亡与痛苦的极端蔑视的歌。当他们将要投入战争与敌人交手时，他们会心硬如铁地唱起这首歌。所有蛮族都有蔑视死亡和酷刑的风俗。任何一个来自非洲海岸的黑人都具有这种高尚的品质，这使当时黑奴主人惊愕不已。那些在欧洲或对手的国家都属于人渣之列的家伙，居然在监狱里残酷而下流地折磨那些强过他们一万倍的民族英雄。命运对人类最大的捉弄可能就在这里。

蛮族国家要求公民必须拥有在文明社会难得一见的品质——百折不挠的坚忍。文明社会的人们只要不做出破坏正义或人道原则的事情，而只是有点表情夸张或者装腔作势，人们就不会因此彻底否定他，尽管他会因此而丧失一点声誉。敏感而有激情的文明人更容易赞同某种慷慨激昂的举动，并原谅其中稍微过火的方面。陌生人比朋友对你更加宽容，所以你可以率性而为。文明民族与蛮族的冲动行为会出现不同后果，原因正在于此。当彼此相聚聊天时，文明人表现得像朋友，野蛮人表现得像路人。如果一个所受教育比较呆板的旅行者到法国或意大利这两个欧洲大陆上最文明的国家游历，肯定会对乐天知命这种行为而困惑不已。法国年轻贵族会在得知没能进入某支部队时，在所有大臣面前潸然泪下。修道院长杜波斯先生说过，一个意大利人会因为被罚款20先令而比一个英国人得知自己将被处决时表现得更为冲动。在罗马的优雅之风最盛的时候，西塞罗的名士都会在演讲结束后当着全体元老和公民的面悲伤落泪。可是在我看来，在罗马民智未开的初期，社会风气恐怕不会允许演说者这么冲动。慷慨激昂的雄辩在法国和意大利风行多年，但最近才传到英国来，虽然它的实际用处还无人知晓。由于文明和野蛮民族自我控制的程度差别很大，因此必须按照不同的标准对他们的行为进行评价。

这种自我控制的差别有许多不同的表现。率性的文明人更趋向于坦诚和豪爽，压抑感情的野蛮人则更为虚伪狡诈。那些亚洲、非洲或美洲的蛮族都很难被人理解，而他们很善于隐藏事物的真相，无论是巧妙的诱惑还是无情的拷打，对他们都不会起作用。野蛮人只有在愤怒的洪水终于决堤时才会表露出这种情绪，而且报复会是相当残忍和可怕的。在北美地区，有些比较胆怯但又爱动感情的女孩子受到母亲的责备后，一般不会有什么过分的冲动，最多说一句“我不是你的女儿”，但之后却跳井了。在文明民族，一个男人也不会暴烈到伤害人，他们大多只是吵吵闹闹以得到认可和同情。

不同的职业和生活境遇形成的习惯会比较少地影响人们的观点。我们希望老人和青年、官员和牧师可以表现出真理和正义。各种职业都分别具有不受习惯影响的固定性，也就是说，人性不具有很大的差别性。不同民族对他们认为好的品质的评判标准大体上相同，虽然程度上有所差异，但是不能容忍的是一种美德的功用被无限夸大，从而损害别的美德。波兰人惯常的慷慨好客可能影响节约与有序，荷兰人尊重的节约也许会伤害亲密与大度。各个民族的行为风格都只能适用于本民族，就像勇气适合于野蛮人而敏感适合于文明人一样。所以，不能根据一点就抱怨世风日下、人心不古。

在一般的行为方式领域，风俗习惯不会过于背离行为的自然本性。可在某些特殊领域，某些风俗习惯会严重损害良好的道德，也会把那些极端错误的行为说成合理合法的。比如，杀害婴儿。一般来说，人们对婴儿的天真无邪会无限爱怜，觉得只有最残暴的征服者才会有杀婴的行为，根本不会想到婴儿的父亲也会这样做。可是古希腊认可弃婴的行为，雅典也是如此。他们认为，父母一旦觉得无力抚养婴儿，就可以抛弃婴儿，任由婴儿被野兽所食。人们在原始社会就开始了这种做法，并且对此变得麻木不仁。现在人们发现，所有的蛮族都盛行这种做法，而且越是原始低级的社会越宽容这种行为。野蛮人因为生活困难，物质极度匮乏，对他们来说不可能同时养活自己和孩子，所以弃婴对他们来说合情合理。他们也认可在危难时刻为了保全一个人的性命而弃婴。所以，在这样的社会里，父亲有权利决定是否要把孩子养大成人。可是在希腊晚期，由于含糊的经济原因或为求省事的动机而杀婴则是不可容忍的。可是因为当时的陋习，使得哲学家们都认可这种事情。亚里士多德认为，多数情况下，行政长官应该鼓励这样的事情。慈悲的柏拉图在哲学著作中大谈人性之爱，却没有对这种行为进行批评。如此骇人听闻的反人性行为都能被习惯所接纳，那么，习惯就可以接受更加残暴的行为了。在人们的生活中，类似的事情可谓屡见不鲜。

从普通品质和特殊习惯差异之大可以看出，那种所谓的习惯根本就不存在。否则，如果那种残暴的习惯成为现实，这个社会也会立刻消亡的。

卷六

与美德有关的品质

第一章

个人品质对自身幸福的影响，或论谨慎

探讨个人的品质，应该从两个角度来考察：一是它对于自身幸福的影响，二是它对于他人幸福的影响。

健康和保养是上帝希望人们最先关心的事情。他用饥饿和口渴、快乐和痛苦、热和冷等让人愉快或不快的感觉，亲自训诫我们为了身体的健康应当选择什么和回避什么。我们的监护人从我们小时候起就教导我们如何避免伤害。而成年后，我们会慢慢明白，为了满足这些先天的欲望，为了得到快乐和避免痛苦，我们应该学会谨慎和预见的必要手段。

为了生存和身体的舒适，我们首先需要拥有物质财富，并且我们在社会上的名誉和地位也在很大程度上取决于我们所拥有的或者人们猜想我们拥有的物质财富。在我们所有的先天欲望中，最强烈的莫过于获得尊重的愿望，因而我们都急于获得财富，以及财富所带来的名誉和地位。

一个人获得的地位和声誉，又在很大程度上来源于他的行为和品质。良好的行为和品质能让人们自然地激发出信任、尊敬和好感。

幸福生活的基本保障是：健康、财富、地位和名誉。在得到这些的过程中，谨慎这种品德十分必要。

前文中说过，当一个人从顺境转为逆境时，他所感受到的痛苦比从逆境转为顺境时所感受到的快乐要多得多。所以，谨慎首先的体现是安全。为了保住已有的健康、财富、地位和名誉，然后在此基础上追求更多的利益，我们要在自己的行业里练就真才实学，勤勉刻苦地工作，压缩开支，甚至是一定程度的吝啬。这些做法都是非常谨慎和保守的。

认真学习所需要的一切知识是谨慎的人长期坚持的，他并不想借此向别人炫耀，而只想掌握实用的知识和技能。这种人不会用骗子的伎俩来对付别人，不会用自命清高的态度来压迫别人，更不会用浅薄的盲目自信来愚弄别人。他为人谦虚淳朴，讨厌哗众取宠和夸夸其谈，甚至不想显露自己的真本事。他不喜欢结党营私、拉帮结派，只会依靠自己的真才实学来获得自己想要的荣誉。在上层社会中存在着很多结党营私之徒，他们自认是道德的仲裁者，却彼此吹捧，随时准备打压对手。谨慎的人即使处于这种环境，也不会和那些人一起欺骗公众，而会借了解他们的机会，使公众避免受愚弄。

谨慎的人害怕谎言被戳穿和由此带来的羞辱，所以为人很真诚。但是这并不代表他在什么场合都直言无忌，也不代表他在别人不正当地要求下会老老实实地把实情全盘托出。他的言谈会有所保留，而且从不贸然发表对他人的意见。

谨慎的人从不高谈阔论，却不会缺少朋友。他的友情常常是一种温和的慈爱。而不是非常热烈的那一种。涉世未深的年轻人很需要他这种温和的慈爱，而他对于一同经历过种种考验的密友，则拥有一种冷静、牢固且真挚的感情。他择友的标准只是出于对他人的品质的欣赏，而不是出于别的什么原因。他不喜欢应酬，也不喜欢娱乐场所。他认为过那样的生活会打破他一直以来坚持的节制。

谨慎的人谈吐不一定会妙语连珠，却不令人讨厌，因为他很有礼貌、很有节制。在日常交往中，他宁愿表现得比别人更为谦逊，也不会凌驾于他人之上。他尊重所有已经确立的社交礼仪。苏格拉底、亚里士多德、斯威夫特博士、伏尔泰，以及腓力二世亚历山大大帝和彼得大帝，他们都喜欢用践踏礼法来显示自己与众不同，这为后世树立了错误的榜样，导致后人常常去模仿他们。相比来说，谨慎的人为人们树立了一个更好的榜样。

谨慎的人坚持勤劳和俭朴，并且为了将来的长远利益甘愿牺牲眼前的利益，他也因此得到旁观者的充分赞同。别人不会因为他现在的劳苦而对他的做法感到厌倦，也不会因为他对理想和欲望的追求而受到冲动的诱惑，因为他目前的处境别人也有可能会遇到。所以他会感同身受地去理解对勤勉者的意义，并且在以后的类似处境中，他也会去实践这种让人赞许的自我控制。

谨慎的人总是按照自己的收入来安排自己的支出，并对这种生活感到满意。这种生活会随着财富的累积变得越来越好，因而渐渐地他也可以放宽俭朴的程度。他对这种逐步增加的舒适和享受感到非常满足，因为他感受过追求这种生活的艰苦，所以他很珍惜眼下的生活，不会贸然去改变现有的生活状态。如果他计划做出一些改变，一定会做好充分的准备和安排。他不会因为一时的拮据而急于投身新的事业，而会充分冷静地去考虑每一种后果。

对于不属于自己职责范围的事情，他不会随便兜揽。跟自己无关的事情，他从不干涉，也不会自作聪明地给别人乱出点子，或者将自己的思想强加给别人。他不会通过多管闲事去得到想要的地位，而只是把自己的事务限制在自己的职责范围内，并且反对任何拉帮结派和结党营私，厌恶那些陈词滥调的说教。在特殊情况下，他也不会拒绝为自己的国家做些事情，但他不会玩弄阴谋使自己进入政界，并且，公共事务由别人来管理更让他感到高兴和轻松。他喜欢舒适安逸的生活，不喜欢追名逐利的浮华虚荣，也不渴求建功立业的光荣。

谨慎这种美德是一种很有意义并且受人欢迎的品质，因为它对个人的健康、财富、地位和名誉都能起到很大的作用。但是，它只是受到了人们一定程度的尊重，却没有得到最热烈的爱戴和赞美。与其他的美德相比，谨慎算不上是最被人推崇的美德。

谨慎这种品质出现在一个勇敢的将军、一个英明的政治家、一个上层议员等人的身上时显得更为崇高，因为他们追求的是比健康、财富、地位和名誉更加崇高的目标。在他们身上，谨慎与英勇、善良、正义这些更为崇高的美德结合在一起，并用他们的克制恰如其分地维系着。这种更深层次的谨慎发挥到极致，就会演变成一种最恰当的行为习惯或倾向。它代表着最高的智慧和最纯的美德的结合，它接近于学院派和逍遥学派中哲人的品质，而那种较低层次的谨慎则接近于伊壁鸠鲁学派哲人的品质。

对于缺乏谨慎的人，有人会怜悯他，有人则会轻视他，但无论如何不会有人因此而讨厌他。但当谨慎与另外一些不良的品质结合在一起时，则会加重这些不良品质带来的后果。一个谨慎的无赖，虽然他的言语行为会使他遭到强烈的猜疑，却常常能让他逃过惩罚和调查。而一个愚蠢的无赖却没有办法避免，于是成为人们泄愤的对象和笑料。在刑罚严酷的国家，人们已经对凶暴的行为司空见惯，不会再感到恐怖。但在法治国家，罪恶的行为会让人人都感到恐惧。这两种国家对罪恶的看法可能是相同的，但对谨慎的看法则完全不同。在刑罚严酷的国家，凶残是最大的罪恶，而在法治国家，缺乏谨慎的蠢行则可能是最大的罪恶。

在16世纪意大利的上层社会中，暗杀和谋杀是司空见惯的事。恺撒·布吉亚曾邀请临近四个小国的君王到塞内加各利亚举行友好会盟，可等待他们的却是掉脑袋的命运。但在那个年代，恺撒·布吉亚并没有因此而身败名裂，他只是在名誉上受到了一点点损失。他在数年之后的下台有与这个罪行无关的另一些原因。而在这一罪行发生之时，马基雅维利正作为佛罗伦萨共和国的公使常驻在恺撒·布吉亚的宫廷。他用一种不同于他的所有作品的洗练的语言对此事作了奇怪的说明：他对恺撒·布吉亚的手腕表示钦佩，对杀人者的残暴虚伪不表示愤慨。却对被害人的不幸视而不见，所以，甚至马基雅维利在那个时代也算不上一个有道德的人。"窃钩者诛，窃国者侯"，对于征服者的残暴，人们常常可笑地赞美它的伟大；而小偷、强盗和杀人犯的不义在所有情况下都会被人们鄙视。即使前者造成的危害比后者要大一百倍，但只要他处于王侯之位，所做的一切就都成了伟大之举；而没有地位的人的罪行则注定永远要受人唾弃。即使前者和后者的罪孽的性质一样大，而且也差不多蠢。一个聪明又邪恶的人得到的信任常常比他应该得到的多，而同样邪恶的笨人却总是在所有的人中显得最可恨、可鄙。所以说，谨慎的人格和其他美德的结合构成了最高尚的品质，而缺乏谨慎的人格和其他坏品质结合起来则形成了最卑劣的品质。

第二章
个人品质对他人幸福的影响

引　言

人们评价一种品质，往往根据它对他人的幸福有益或有害来判断它的美和丑。

事实证明，某些人的一些恶行，确实破坏了别人的幸福。它违反了法律中的正义原则，所以被法律制止，惩戒人们，使人们不敢用恶行去破坏他人的幸福，这就是法律的效用。因此，各个国家和政府都制定了《民法》、《刑法》等。而在实施法律之前，究竟哪些行为破坏了他人和社会的幸福，是我们需要研究的问题。可惜的是，自然法学到目前为止还没有给出一个合理的解释，因此我们无法去探讨这个问题。但是，即使在没有一个合理解释的情况下，人们也会本能地去尊敬那些不破坏他人幸福的人。这种品质通常和同情、人道、仁义等紧密相连，表现出对他人幸福的关心，从而受到人们高度的尊重和崇敬。这些无须什么解释。在这里，我想阐述的是，人的天性表现出的调节次序：我们的善行一般总是先针对个人，再针对社会。很明显，我们的天性在这里指导着一种次序，而这是一种深层次的智慧，并且这种智慧的程度与我们所施善行的有用程度和大小程度直接相关。

·第一节·

有关天性致使我们关心和注意他人的依据

正如斯多葛派学者所说，人最关注的是自己。每个人对于自己的快乐和幸福的感受总是最直接的，所以人总是比别人更懂得如何照顾自己。而对于他人幸福或者痛苦的感受，我们只能从他人对于那些感觉的反应中想象得到。

除了自己，我们最关心的是亲人，主要是父母、子女和兄弟姐妹。他们的幸福或痛苦深深地影响着我们。我们很清楚地知道亲人们最关心的是什么，我们对他们的同情远远比对其他人深切得多，我们关心他们的幸福就跟关心自己的幸福差不多。

人的天性决定了我们倾注在孩子身上的感情要远远超过我们对父母的感情。而且，相比于对父母的尊敬感激之情，我们对孩子的温柔关爱之情通常是一种更为主动的本性。自然决定了孩子来到世上以后的相当长的一段时间里的生存完全依赖于父母的抚育；而父母的生存却大多不需要子女同样的照料。从孩子身上，总是可以寄托很多的期待和憧憬，而对老人就不可能寄托什么了。所以在人的天性中，孩子总是比父母更重要，更能唤起我们强烈的感情。老人的去世一般不会让人十分痛惜，而孩子的死则会让我们悲痛欲绝。即使那些最凶残冷酷的人，也会去保护柔弱的婴儿。而只有在具有最高尚美德和人道的圣人那里，老年人才享有和孩子一样的待遇。

在我们的一生中，我们最先感受到的情谊来源于兄弟姐妹之间。我们共同生活在一个家庭之中，而我们的家庭也因此变得其乐融融。兄弟姐妹间互相带来的快乐和痛苦，远比旁人带来的多得多。这种情谊是我们彼此获得幸福的共同源泉。因为生活在共同的环境中，手足之间更能对对方的快乐或者痛苦产生共鸣，而让他们相互帮助和照应。

大多数的兄弟姐妹在各自成家立业后仍保持着小时候的情谊，他们的下一代也由于父母间的这种情谊而保持着天然的感情联系。如果孩子们的脾性相投，这种天然的情谊就会带来很多愉快，反之，这种愉快会慢慢减弱。然而，由于他们不在同一个家庭环境中长大，他们之间的感情会比父母那一代冷淡，并且随着亲属关系越来越远，感情也越来越疏远、淡薄。

实际上，几乎所有的感情只是源自一种习惯性的同情。我们关心亲人的幸福或痛苦，我们让他们得到幸福和避免痛苦的希望，就是出于这种习惯性的同情的具体细节上的感受。亲人们因为生活在同一个环境里，容易产生这种同情，所以彼此产生感情。这是每一个人所需要的。因此，人与人之间就形成了一条人际关系的基本准则：彼此具有某种关系的人们之间一定存在着某种感情。那些违反这条准则的人，会被认为是不正常的、不通人性的，有时还会被认为是罪恶的。比如，身为父母，却不温柔慈爱；作为子女，却不孝顺父母。这些都会招致人们的指责和批评。

然而，在某种并不具备使天伦之情自然产生的特殊环境下，人的本性也往往可以弥补环境的不足，使血缘亲情同样存在。比如，一个年幼时因为偶然的原因而没有和父母生活在一起，长大后又回到父母身边的孩子，他和父母之间的孝敬和疼爱之情就会少一些。如果一个家庭的兄弟姐妹们都在相隔遥远的地方读书，彼此间的感情也会弱一些。但道德的人性，仍会让自幼分离、天各一方的父子之间、兄弟姐妹之间，产生血浓于水的感情。他们会不由自主地挂念对方，而且经常盼望着某天的团圆。在分离的时候，远在他乡的儿子或者兄弟姐妹，常常是心中最挂记的人，他们之间也不会产生任何的不快。他们听到对方的消息，总是感到莫大的满足和高兴。他们还会认为远在异乡的儿子、兄弟姐妹才是没有缺点的完美的，因而对儿子或兄弟姐妹的种种思念，就会成为一种充满浪漫色彩的憧憬。当他们团圆时，他们会按照家人之间习惯的感情去关心彼此，并且感到非常自然。但是在进一步的接触和了解之后，他们常常会发现，彼此的习性、脾气和爱好，同自己想象的并不一样，这样他们就没法再像以前那样和谐融洽了。这是因为缺乏一个产生习惯性的同情的环境，缺乏维系亲情的基础。他们的日常交往和言谈很快会变得单调乏味，而且越来越少。当然，他们也可以在表面上做到互相谦让、相敬如宾，在一起继续生活下去。但绝对没有自幼一起长大的兄弟姐妹之间的那种融洽、同情、推心置腹和坦诚无忌。

然而，上述准则只是对本分和有道德的人才具有这种微弱的力量。对那些胡闹、放荡和自负的人，这些准则是苍白无力的。这些人对天伦之情麻木不仁，除了嘲弄之外，他们几乎从不谈起。因为自幼的分离使他们的亲情十分疏远，他们最多只能表现出一种冷漠和敷衍的客套。即使如此，一旦利益上出现一些微不足道的对立，或者交往中出现一点小小的不快，也会使这种客套完全结束。

现在很多父母把男孩子送到遥远的名牌寄宿学校读书，让年龄更大一些的青年在远方的大学上学，让女孩子在遥远的修道院或寄宿学校上学，这种做法从根本上伤害了法国和英国上层家庭中的道德伦理，影响了家庭的幸福。

我认为，如果希望孩子成为尊敬父母、与兄弟姐妹和睦相处的人，就要让他们在自己的家里接受教育。让他们住在家里，每天有礼貌地离开父母去公共学校上学。这样在日常生活中，出于对父母的敬重，他们对自己的行为会有一种非常有效的约束；而出于对孩子的尊重，也常常会使父母的行为受到有益的限制。这是一种最有效的教育方式。接受公共教育也许真的有些好处，但肯定不能补偿由此带来的损失。家庭教育是最天然的教育方式，而公共教育则是一种人为的教育方法，哪一种方法更好是不言而喻的。

许多悲剧和恋爱故事中都描述了这样一种美丽动人的奇妙感情——亲情。人们认为亲人们是因为具有这种感情而彼此想念，即使在他们知道彼此有亲情关系之前也是如此。但是我认为这种亲缘的力量只在悲剧和恋爱故事中存在，在现实生活中并不存在。即使在悲剧和爱情故事中，这种感情也只发生在父母子女、兄弟姐妹的一家人之间。要说这种感情也存在于表、堂兄弟姐妹乃至叔婶伯侄之间，我认为是十分荒唐的。

聚族而居在从事畜牧业的国家里是一种普遍的现象。这种居住方式对他们共同防御外来入侵是十分必要的。从地位最高的到地位最低的所有人在这种居住方式下都可以互相扶持、互相帮助，和睦相处可以增进彼此之间的亲情，不和则会削弱和破坏亲情。在他们家族成员之间，他们的联系要比与外部的联系多得多，同一家族中即使关系最远的成员也有某些联系。不久之前，在苏格兰高地，酋长习惯把自己部族中最穷的人看成是自己的堂表兄弟和亲戚。在鞑靼人、阿拉伯人和土库曼人中，部落的首领对同族人也会特殊关注。因此，在其他条件相同的情况下，那些同族中关系很远的人所期望得到的关注也比其他人多。我认为，这种情况在其他的民族中都是普遍存在的。

我认为天伦之情在很大程度上是道德联系的产物，而不是父母和子女之间血脉联系的产物。比如，一个疑心重的丈夫，总是怀疑自己的孩子是妻子不贞的产物，尽管他和这个孩子在伦理上还是父子关系。

心地好的人们常因为必要的交流而产生一种友情，这种友情和家人之间的感情相差不多。办公室中的同事、贸易中的伙伴，常常彼此称兄道弟，并且感到对方真的像自己的兄弟一样。他们的亲密和谐很有好处，而且如果他们把握得好的话，他们也会和谐共处，人们也都认为他们应当这样做。如果他们之间出现了不和，人们会把那看成是一种丑事。罗马人用“必要”这个词来表述这种互相依附的关系。从词源学的角度来看，它似乎表示的是这种依附是环境对人的必然要求。

住在同一个乡镇中的人们，他们的生活细节也会对道德产生某种影响。如果有一个邻居从未冒犯过我们，我们不愿意去伤他的面子。邻居之间可以给彼此带来很多便利，也可以给对方带来很大麻烦。心地善良的邻居们总是自然地和平共处，并且都不愿与恶人为邻。所以，邻里间存在着某种细微平等的互助是被我们赞同的，并且邻居得到我们帮助的次序应该排在其他人之前。

人的天性总是习惯于去迁就别人，从而达成一种和平共处的效果。这就是所谓“近朱者赤、近墨者黑”的原因。一个常常与有智慧、有美德的善人打交道的人，自然会对智慧和美德产生一种敬意，虽然他自己不一定会成为同样的人。同理，一个整天和荒淫无耻之徒混在一起的人，即使他不会变得同样堕落，至少也会很快不再厌恶那些品行。因此，我们经常看到不同家庭成员表现出相同的品质，除了遗传因素之外，我认为可以部分地归因于这种原因。

如果我们对一个人的高尚行为产生了尊敬和赞同，并在长期的交往中证实了他的高尚品质，我们就会对他产生最牢固、最尊重的友情。这种友情是很纯洁和自然的，因为它不是出于任何其他勉强的因素，而是高山流水的知音和志同道合的同志。但这种纯洁的友情只会在具有智慧和美德的人中间存在，他们彼此之间完全信赖，坦诚相待。有些狭隘的人认为这种友情只能发生在两个特定的人之间，我认为那是把纯洁的友谊和充满占有欲的爱情混为一谈。虽然年轻人之间的亲昵行为与之有些细微的相似，但其实与这种高尚的友情有本质上的区别。他们的那种亲昵主要建立在同样的关注焦点、娱乐或者消遣方式上，或者建立在某些一拍即合的奇谈怪论上，而这些是很浅薄的。因此这种朝三暮四的亲昵行为不能和真正深刻的友情相提并论，不管它们多么令人快乐。

但是，在人类天性的调节次序下，我们最希望善待的人中，还有那些曾经给过我们帮助的人。上帝曾教导我们对帮助过我们的人知恩图报。虽然人们的感激并不足以回报他的善行，但是旁人对他的赞同和感激，却足以与他付出的善行同等。所以，一个乐善好施的人一定会得到回报。虽然不是每个受人恩惠的人都会报恩，但有些人却是滴水之恩涌泉相报。被同道热爱是我们都渴望达到的目标，要达到这个目标，最好的方法就是用自己的行动证明自己也是同样热爱他们的。

我们在给予别人仁慈的关爱和热心的帮助时，没有去想他们和我们是什么关系，没有去想他们的个人品质如何，或者他们过去对我们有没有帮助。在社会中，施舍人与被施舍人往往地位相差悬殊。被施舍的人往往贫困潦倒，而施舍人往往非常幸福、富裕而有权势。社会的安定与有序需要依赖这种明显的等级地位的区别，而这种区别主要依靠人们对有权势的人由衷的尊敬来支撑。整个社会的安定和秩序，远比个别不幸者的痛苦更为重要。虽然伦理学家告诫我们要兼济天下、普度众生，不被显贵的地位所诱惑，但是人们对富贵的倾慕比对智慧美德的倾慕更多，人们都想成为富人。实际上，要判断一个人是否智慧或是否具有美德是很难操作的，而财富和门第更容易比较，所以我认为以财富权势划分的社会等级地位，更有助于社会的安定和秩序。人们这么想是有好处的，而在上述所有作为我们关心对象的事物的序列中，善良和智慧也同样是明显的。

如果人们把对权贵的崇拜和对善行的钦佩结合在一起的话，就会激起更多善行的诱因，就会促进更多善行的发生。这一点是显而易见的。如果我们抛弃妒忌之心，达官贵人们表现出来的智慧和美德很多时候会引起我们的崇拜和倾慕。而且，尽管达官贵人不缺少权力和智慧，但他们受到的痛苦却不比那些同样具有美德但地位低下的人少。这在悲剧和恋爱故事中有很多表现：善良、高尚的国王和王子们常常遭遇到不幸。如果他们能够运用智慧摆脱他们的不幸，夺回他们原来的地位和权势，就会得到人们更大的甚至是过分的热情和赞赏。于是，我们原先对他们的地位和品质自然怀有的倾慕之情就变得更加深厚了。

精确地规定人的何种感情在先、何种感情在后的做法是不现实的，因为人的各种情感往往是交织在一起的。在何种情况下，友情应当让位于感激还是感激应当让位于友情；或者个人亲情与全局利益哪一个更为重要，我们都应该把它们交给我们的心灵——这个冷静的旁观者、我们行为的伟大法官和裁判者来定夺。只要摒弃外界的喧嚣，认真、客观地思考我们的处境，从真实的内心出发，我们才能做出正确的决定。不要用独断专制的准则来指导我们的行为，那些教条式的准则常常不能使我们觉察到不同环境、品质和处境中的各种细微的差别和区分。

·第二节·
天性致使社群成为我们慈善对象的次序

指导我们把个人作为慈善对象的原则，也同样指导我们把社会团体作为慈善对象。我们的慈善行为最为关注的对象，正是那些重要的社群。

对于我们来说，孕育了我们的生命，并保护我们平安生活的政府或国家是最重要的社群。我们的高尚行为可以为它带来很多好处，而我们的恶劣行为也会为它带来灾难。我们所有的一切都包含于国家之中：我们的孩子、父母、亲戚、朋友和恩人，他们的幸福和安全都依赖于国家的繁荣和强盛。所以，国家很自然地成为我们首先关心的社群。而我们的爱国之情不完全是出于私心，也出于我们自身仁慈的美德。因为祖国与我们休戚与共，它的繁荣和强大也会使我们感到光荣。我们为我们的国家比别的国家繁荣富强而感到骄傲；为它比别的国家落后而感到耻辱。我们总是带着过分的赞美去看待在祖国过去时代中所涌现出的杰出人物，并且总认为他们比其他民族的人物更为杰出。因为为了国家的安全和荣耀，那些英勇献身的爱国者们，表现出了一种最合宜的行为。他们根据自己内心那个公正的旁观者的赞同情感来决定自己要做的事情。他们内心的那个公正的旁观者告诉他：他仅仅是大众的一员，为了多数人的安全、利益或者荣誉，牺牲自己的生命是一种义务。因此，他们决定了自己要做的事情。虽然这种牺牲是必要的、高尚的、有意义的，但是要做出这种牺牲是多么的不容易，能够这么做的人又是多么稀少，所以他们的行为不仅应该得到我们的赞同、佩服和赞赏，还应该作为最高的美德受到推崇和赞扬。反之，那些不顾良心谴责的卖国贼，企图用出卖国家利益来换取自己一点点私利，只能成为人们唾弃的对象。

爱国之情总让我们充满猜疑和妒忌地看待任何一个邻邦的繁荣富强。所有独立又互相接壤的国家，都生活在对彼此地不断恐惧和猜疑之中。每个君王都别想从邻国那里得到好心的对待，于是他有理由用同样的方法对付邻国。一些独立国家声称它们会在相互交往时遵守别国的法律，而那只不过是装腔作势罢了。即使为了最微小的利益，他们也会肆无忌惮地破坏这些原则，或者无耻地逃避这些原则。当邻国的实力不断增长的时候，每个国家都感觉自己面临着被征服的压力，而爱国的高尚感情总被这些当权者拿来充当国家斗争的工具。比如老加图，每次的元老院演讲的结束语总是："这同样是我的看法，迦太基应当被消灭。"他因为某国给自己的国家带来苦难而愤怒得近乎发狂，这句话正是他这种粗野之人强烈的爱国心的表现。而斯奇比奥·内西卡在他的一切演说结束时也经常说一句话："这也是我的看法，迦太基不应当被消灭。"它所传达的是一种胸襟开阔和慷慨大度的态度。在他看来，即使对手已经衰弱到对他的国家无法构成威胁的地步，也可以允许它有一天恢复繁荣。法国和英国都害怕对方海军和陆军实力的增强。但是，如果它们妒忌对方国家的繁荣昌盛、土地广袤、工业发达、商业繁华、港湾坚固与众多、人文与自然科学的进步，那么这两个伟大民族就要互相伤害了。因为那些使人妒忌的东西，正是世界的真正进步。我们因这些进步而得益，并且因此变得高贵起来。所以在这样的进程中，每个民族不仅应当尽力赶超邻国，而且应当出于对人类的爱，去促进相互间的进步而不是去阻碍它的发展。别国的进步应该成为我们追赶的动力和目标，而不应该成为我们偏见和妒忌产生的原因。

由此可见，爱国情感并不是来源于普遍的人类之爱，因为它丝毫不受后者的支配，有时还会出现对立。举例来说，法国人口是英国人口数量的3倍，那么，从人类大家庭的总体考虑出发，法国的繁荣要比英国的繁荣重要得多。但是假如一个英国的国民看重法国的繁荣要比看重英国的繁荣要多，人们却不会认为他是一个好公民。我们热爱自己的国家，仅仅因为它是我们生长的祖国，并不是因为它是人类家园的一部分。智慧的上帝在决定人类情感的时候已经断定：把人们的爱引向人类大家庭的一个特定部分——即我们的国家，会极大地促进整个人类的利益。

临近的民族容易被相互间的偏见和仇恨所影响。英国和法国都会彼此敌视，但却不会去妒忌遥远的日本或者中国的繁荣富强。虽然他们也很少能有效地运用与这些遥远国家之间的友好关系。

政治家们的善行是最广泛和最具效力的公益行为。他们为了保持力量均衡而与临近的国家结盟，或者通过谈判保持国家间的安定和平。然而政治家们在谋划和执行良好的政策时，也只会考虑自己国家的利益，虽然偶尔也会有更高层次的追求。在签订《蒙斯特条约》时，法国大使阿沃伯爵就牺牲了自己的生命，使条约有助于恢复欧洲的安定。威廉国王很热心地帮助欧洲大部分的主权国家恢复自由和独立，但他的这种热忱很大程度上是因为他对法国怀有强烈的憎恨，安娜女王的首相似乎也怀有这种极端仇视法国的心理。

每个国家都由不同的阶层和社会团体组成，这些阶层和团体都被分配了特有的权力。每个阶层和团体中的成员的利益与名誉都彼此关联。因此，每个人同自己所在的阶层或社会团体的关系自然比他同其他阶层或社会团体的关系更密切。他会自然地去维护本阶层利益，会雄心勃勃地去为本阶层谋得更多的利益。

所谓国体，就是指如何划分不同的阶层和社会团体，如何分配它们的权力、特权和豁免权。

国体的稳定性，取决于每个阶层或社会团体维护自己的权益免受其他阶层侵犯的能力。某个阶层地位的升降，也都会带来国体的改变。

但所有不同的阶层和社会团体的稳定和发展都依赖于国家的保护。只有凭借国家的繁荣和独立，各个阶层才有立足之地。虽然所有阶层的成员都明白这个道理，但是在国家的生存发展需要牺牲他所属阶层的利益时，他就未必会顾全大局了。这种狭隘虽然是不合理的，但是也不是没有一点用处：至少它抑制了一味的开拓，保持了国家已经划分出来的各个不同阶层之间的平衡。有时它似乎阻碍了政治体制的变更，但实际上它却促进了整个国体的巩固和稳定。

爱国的情感牵涉到两条不同的原则：第一，对已经确立的国体和社会结构的尊重；第二，对维护同胞们的安全、荣耀和幸福的希望。至少，一个爱国的人不可能是一个不尊重法律和不服从行政官的公民，他也不可能不为增进同胞们的福祉而努力。

这两个原则常常保持一致并引发同样的行为：如果我们的政治体制能够切实维护同胞们的利益，为了增进同胞们的安全、荣耀和幸福，最好的办法就是维护现有的政治体制。

但是，当国内局面出现骚乱时，当公众间出现不满情绪、发生派别争端时，这两个不同的原则就会引发人们不同的行动。人人都会想到，眼下的这种政治体制显然不能维持社会的安定，需要进行某些改革。这是一个优秀的政治家要解决的难题：何时应该维护旧制度的权威，何时应该顺应改革的潮流。

对外战争和国内党派斗争两种环境，是公益精神最好的表现机会。英雄因为在与外敌的战争中建功立业，满足了全民族的愿望，而受到人们广泛的感激、赞美和爱戴；而国内派别斗争中的党派领袖虽说可能得到半数同胞的赞誉，但也会受到另一半人的咒骂。他们的品质和各自行为的是非曲直，却往往难以有一个标准的评判。因此对外战争带来的荣誉总是比国内党派斗争带来的荣誉更加绝对和纯正、无可非议。

然而，如果一个取得政权的政党领袖足以引导政府进行稳健而认真的改革，他为国家做出的贡献就会比战争更加重要和巨大。他可以建立新的国体，或者改进现有的国体。他有机会成为一个伟大国家改革进程中最优异、最杰出的人物。最重要的是，他可以用自己的睿智使同胞们获得很长一段时间内的安定和幸福。

在对自己同胞遭受的痛苦的同情上建立的爱是真正的人性之爱。在党政之争中，某个政治团体的精神和它所提倡的政治体制的理念，往往与对公众利益的关心联系在一起。高尚的公益精神就是这种体制的精髓，公益心在这里被催发到狂热的程度。某些在野党的领袖们总喜欢提出某些貌似可行的改革方案。他们宣称他们的方案不仅会消除人们的不便和痛苦，还可以防止这些不便和痛苦在将来重现。尽管现有的体制已经能让国家的公民们过上安定祥和的生活，但他们还是常常建议对国体进行改革，并要求改变最关键的环节。在他们的卓越辩才的鼓动下，他们政党中的大部分成员在并未亲身体会过这种体制的好处的情况下，都开始相信并陶醉于这种体制虚构的完美。这些领袖在鼓动别人相信他们的过程中居然也被自己打动，和别人一起沉醉在自己虚构出来的美景中，虽然他们清楚自己的本意只是为使自己获得更大的权力。有些政党的领袖在这个方案推行的过程中虽然保持了清醒的头脑，但他们为了不让自己的追随者们失望而失去支持，在实际行动上也不得不按照大家的意愿行事，哪怕这种行动同他们自己的原则和良心相违背。他们拒绝一切调和、折中和合理的迁就通融，目标过于远大和虚幻，因此他们的计划也常常半途夭折，而那些只要稍加注意就能解决的问题反而被人忽略，迟迟得不到解决。

而真正热心公益的人，他尊重已经存在的各种权力乃至个人特权，尊重各个社会阶层和等级的传统权力。如果他认为某些根深蒂固的权力和特权在某种程度上被滥用了，他会努力用一种温和的方法去调和这种权力和特权。当人们的偏见无法通过理性来说服时，他也不会盲目地使用暴力。因为他总是谨记柏拉图的名言："不可用暴力对待你的父母，更不可用暴力对待你的国家。"他在推行自己的政治计划时，总会考虑人们根深蒂固的习惯和偏见。在无法制定正确的法律之前，他会努力修正现有法律带来的所有不便和错误。他会效法梭伦，尽力在人们能够接受的范围内制定最好的法律体系，然后思考如何建立完美的法律。

可在政府中掌权的人的行为总是与真正热心公益的人的行为相反。在政府中掌权的人总是自以为是地认为自己头脑中的政治计划是完美的，不容别人对它提出任何修改的意见。他强行推行自己的计划，却全然不去考虑会影响计划实施的各种重大利益或社群的意见。他过分自信地认为，他能够像摆放棋子那样轻松地去摆布社会中各个阶层的成员。他没有想到这些被他看成是棋子的人也有自己的想法和行动。他不明白在人类社会这个大棋盘上，每个棋子都有它自己的行动原则，而这行动原则完全不同于立法机关用来指导它们的那种准则。如果这两种原则能够达成一致并指向相同的行动方向，那么人类社会这盘棋就可以顺利和谐地走下去；而如果这两种原则彼此抵触，这盘棋就会下得十分艰难，并且会把我们的社会搅得一刻不得安宁。

一个优秀的政治家应该具备一套关于政策和法律的完整的设想和理念，这是他必须具备的见解。但是坚决要求实现他的设想和理念所要求的一切，不管时机如何都要立刻实现它，甚至无视所有的反对意见，是霸道和不现实的。在这个过程中，他想使他自己的判断成为辨别正确和错误的最高标准和权威，所有人都不应该抵触他。所以，在一切从政的人当中，处在权力顶峰的国君们的处境其实是最危险的。因为这种霸道在他们身上表现得尤为严重和突出——他们总是毫无理由地坚信自己的决断是唯一正确的。当这样的国君对国家的结构和体制实行变革时，他最不能容忍的就是那些可能影响他们的意志贯彻执行的力量。柏拉图的神圣箴言在他们看来毫无意义。他们认为自己才是整个国家的意义所在，而不是相反。而他们改革的伟大目标常常只是清除所有的障碍，削弱贵族的权势，剥夺城市和郡的特权，使地位高的一切阶层都丧失往日的力量，再也无力反对他。

·第三节·

普施众生及兼济天下的善行

虽然人们有效的公益行为很少能超出自己国家的社会范围，但人们的慈悲之心却不受任何限制地普施于天下的万事万物。对于有知觉、有益的生物，我们衷心期盼它们的快乐；对于它们遭遇的不幸我们也会同样感到难过。而对于有害的生物，我们则会自然而然地产生憎恨——这种憎恨实际上是由我们对于万物的仁爱之心产生的，因为我们对那些有益而有知觉的生物所遭受的不幸感到万分的同情。

不相信上帝存在的人会难以相信，这种普施万物的善行正是上帝这个伟大的神灵的旨意。他指导着我们的本性去关怀和保护天下所有的生物，无论卑贱的还是高贵的。他所具有的最纯正的美德使他时时刻刻都希望给人类带来幸福。但对于怀疑他存在的人来说，任何高尚的兼济万物的善行，都是一时的、靠不住的幸福假象。于是当他面对这个无人主宰、广阔的世界时，会产生令人伤感的怀疑和悲观，他会觉得未知的地方除了充满苦难和不幸以外什么也没有。悲观的阴影一直笼罩着他，让他不再相信一切美好的事物和幸运。但对于相信上帝真实存在的人来说，所有的痛苦和忧伤都不会磨灭他的乐观之情，因为他常常能够感受到上帝的美德和智慧。

有智慧和美德的人愿意在任何时候为了他所在的阶层或社会团体的公共利益而牺牲自己的个人利益。同样，他也随时准备为了国家或者君王的更大利益而牺牲自己所属的阶层或社群的局部利益。更进一步地说，他同样愿意为了全世界更大的利益，为了一切有知觉、有益的生物的利益，去牺牲上述一切次要的利益。他虔诚地相信上帝的存在，他相信这种局部的痛苦和邪恶也是那个仁慈而具有无上智慧的上帝设计的，那对于普天下的幸福来说是十分必要和不可避免的。因此，他心甘情愿地承担起落在自己、朋友、社群或者国家上的一切灾难，他认为那是为了世界的繁荣和进步而必须承受的。

这种对宇宙伟大主宰意志的高尚顺从也是出自人的天性。那些优秀的军人，如果将军命令他们去往一个没有危险的地方执行任务，他们只会产生一种单调沉闷的服从感；而如果将军的命令是开赴九死一生的战场，他们就能感受到自己正在为同胞做出最高尚的斗争和努力。他们知道，如果不是为军队的安全和战争的胜利所必需，他们的将军不会命令他们这么做。他们为了保护国家的安宁而宁愿牺牲自己微不足道的血肉之躯。告别了自己的战友，他们满怀激情与喜悦欢呼地出发，开赴那个为国捐躯的光荣战场。但是，任何军队的伟大管理者，都不会比上帝这个宇宙中最崇高的管理者得到更多的崇拜和爱戴。无论在个人的痛苦中还是在整个国家的灾难中，所有的人都是奉上帝的旨意来拯救人类的痛苦的，这是我们的责任，并且所有理智的人都会这么认为。于是，我们不仅会去顺从这种指派，还会让自己怀着愉快的心情心甘情愿地接受它。一个优秀军人随时准备去做的事情，我们也应该做到。

亘古以来，伟大的上帝就用他的慈悲和智慧设计制造了宇宙这架宏大而完美的机器，由此产生了所有的幸福。这是人类最应当努力探寻的道理，而其他思考在这种探索面前都显得平庸和肤浅。我们认为投身于这种思考的人，理应受到我们的尊敬。我们对他所怀有的敬意，常常比国家最勤勉和最热心公益的官员更进一步，虽然他的一生都投身于这种看似没有实际效果的冥思苦想中，但马库斯·安东尼努斯因此得到的赞美，比他在统治期间公正、温和、仁慈地处理一切事务所得到的更多。

当然，管理宇宙这个庞大的机体，关怀一切有灵性、有知觉的生物，这些都不是人的职责，而是上帝的职责。人对他自己的幸福，对他的家庭、朋友和国家的幸福的关心，被指定在一个很小的范围之内，而这是一个更适合人的有限的智力与能力的职责范围，所以我们不能以思考高尚的事情为借口而忽略我们职责范围内的小事情。阿维犹乌斯·卡修斯就曾经指责马库斯·安东尼努斯，说他不顾罗马帝国的繁荣昌盛，而忙于哲学推理和关心整个世界的繁荣昌盛。可见，即使哲学家的最高尚的思考，也不能成为忽略眼前小责任的理由。我们应当让自己免受这种指责。

第三章

自我克制

一个道德完善的人，总是能够按照完美的谨慎、严格的正义和恰当的仁慈去规范自己的行为。但很多人虽然了解这些准则，在实际行动中却不能很好地贯彻它们。因为人的感情冲动会促使或者诱惑他不自觉地去违背那些准则。冷静清醒时，他是毫无疑问地赞成和支持这些原则的。但对这些道德准则的了解，如果得不到有效的自我控制，就不能很好地运用到实际行动中。

古代一些优秀的道德学家把人类的感情冲动分为两类：一是需要用克制力来进行抑制的一时的情绪冲动；二是可以在短时间内加以抑制，但终究会爆发的长久的激情。由于人类的感情冲动频繁地、持续地存在，在人生中的某个时刻我们可能很容易被它引入歧途。

第一种短时间的感情冲动主要表现为恐惧和愤怒的情绪，以及那些与它们交织在一起的其他情绪；而第二种难以抑制的激情则主要表现为对舒适、享受、恭维等使人得到满足的事物的渴望。强烈的恐惧和愤怒往往需要良好的克制力进行片刻的抑制；而对安逸、享乐、恭维等事物的渴望虽然可以得到暂时的压制，但它对我们的引诱却是不会停止的，它们常常诱导我们犯错误，并为此悔恨不已。这两种感情冲动都会以促使和诱惑的方式来使我们背离自己的原则。古代的道德学家把对前一种冲动的克制称为意志坚定和隐忍；而把对后一种激情的克制叫作节制、有节、严谨和稳重。

自我克制本身就是一种美。通过对自身冲动情绪的控制，我们会得到赞美和表扬。而这种通过自我克制得到的好处，以及通过谨慎、正义和仁慈得到的赞美，都与克制之美本身无关。克制之美得到人们的尊重和颂扬，是因为它表现出一种高尚的人格魅力以及那种长远的坚忍性和持久性。

坚忍的人总是能得到高度的赞扬和崇拜，因为他在痛苦和危险面前，在死亡和威胁面前，能保持同平时一样的镇定，不说违背自己良心的话。如果他为了国家的事业而捐躯，那么我们对他的同情，对陷害他的人的愤怒，对他的高贵气节的敬佩以及对他的人格的深刻理解，都融为一体并且转化为对他的狂热的崇拜。

从古至今，人们仰慕的英雄们都是这样，他们为了争取真理、自由与正义而不懈斗争，毫无畏惧地走向刑场，到死也无损自己的身份和尊严。他们的遭遇使人们对他们有了更多的赞誉。比如苏格拉底，如果他是安静地死在自己家里的床上，而不是为真理而死，那么后世对他的赞誉也就不会如此之高了。这种赞誉在后世的英雄志士身上也都有体现。在弗图和霍布雷肯雕刻的历史人物像中，托马斯·莫尔、雷利、罗素、西德尼等人头像下面的那把作为砍头标记的斧子，往往给这些人物带来了真正的尊贵和情操，那远比人们佩戴的纹章等无聊的装饰物要让人们感兴趣得多。

不仅仅只有高尚的人会因为这些高尚行为而增光添彩，就连一个囚徒也会因为具有这种品质而让人对他的印象改观。当一个罪犯凛然庄严地站在断头台上时，我们也难免会为他感到惋惜：这样的人怎么会干那样卑劣的事情呢？

锻炼这种高尚而坚忍的品质的最好场合是战场。正如我们以前所说，最可怕的事情莫过于死亡。而那些对死亡都不会感到惧怕的人，还会惧怕其他的灾难吗？人们一旦认识了死亡、熟悉了死亡，那种对死亡的迷信式的恐怖和意志薄弱都会被克服、驱逐。一个英勇的战士，他只是把生命看成一种追求向往的对象，而把死亡看成令人讨厌的生命终结。而许多经验和经历让他们觉得：一些看上去很可怕的灾难，实际上并没有我们想象得那么悲观。只要鼓起勇气、运用智慧沉着应对，就可以在困境中找到生机。因此，死亡并没有那么可怕，我们应该有应对它的信心和勇气。这样，当我们身处危险之境时，就不会那么慌张，急于摆脱，而是能镇定地经受考验。军人的职业在人们的眼中比其他职业显得更为高贵的原因，就在于这种习惯性的对危难和死亡的临危不惧。为国效命疆场，正是英雄们被我们爱戴的原因。

战争虽然违背正义、仁慈的道德原则，并且没有丝毫人性，但是有时也能让我们对它产生很大的兴趣，并且策划、发动、指挥战争的本不足取的人，反而能得到人们很大程度的尊敬，甚至为抢夺而战的海盗们也会引起我们的兴趣，我们带着尊敬和钦佩的感情把他们的故事到处传扬。这是因为他们在追求那些邪恶的目标时，忍受了常人无法克服的艰难困苦，他们用坚忍的智慧渡过了很多和军人同样面对的可怕的危险和灾难。

对愤怒的克制在许多场合往往不如对恐惧的克制显得更崇高。但在古今的著名雄辩和演讲中，许多正义的饱含愤慨的语段是最令人叹服的。雅典的狄摩西尼批判马其顿国王的演说，西塞罗控诉喀提林同党的演讲，都是因为激奋高尚的感情而流芳千古。但是对于这种恰当的愤怒的表达是经过了抑制的，这样才能引起旁观者的理解和同情，而过于激烈的勃然大怒和叫嚷的冲动，只会让人生厌。因为使我们产生兴趣的不是发怒的这个人，而是他发怒的原因、他愤怒的对象。恰当的愤怒能把我们的注意力引向这一点，而大声地叫嚷则会让我们在厌恶的情绪下对此失去兴趣。但是多数情况下，宽恕作为一种高尚的品质，要比愤恨更为合理。在出于公众利益的需要必须与最可恨的敌人进行合作来达到更为崇高的目标时，一个理智的、深谋远虑的人应当不计前嫌，和他们合作——无论敌人是否为他们让人愤怒的行为做出了令人满意的谢罪，这种具有高尚的品质和智慧的人应该得到我们的高度表彰和赞扬。

然而，对于愤怒的抑制并不是在所有的事情上都如此辉煌壮烈。我们常常也因为恐惧而去压抑我们的愤怒，但是这种怯懦的行为无法让我们把它说成是高尚的。在这种场合，愤怒使人勇于战斗，愤怒可以显示出某种胆量和高于恐惧的品质。人有时出于虚荣，会刻意地表现出愤怒，但从来不会表现出恐惧。比如底气不足又好面子的人，总爱在他们的下属面前，或者在不敢表达异议的软弱的人面前装出一副愤慨的样子，以为这样就显示了他们无畏的气魄，就连无赖也喜欢编造种种谎言，把自己描述得暴躁霸道。他们想，既然别人不可能把他当成一个可亲可敬的人，那么最好把他看成一个可怕的家伙。眼下有一种风气鼓励人们用决斗解决问题，从一定程度上讲可以说是鼓动复仇。这种风气在很大程度上让因恐惧而压抑愤怒的人的行为变得更加可鄙。对恐惧的抑制中总有某种让人觉得高尚的精神，而对愤怒的抑制则不会，那只会更加暴露自己的胆怯和懦弱。只有基于体面和尊严的抑制，才会得到人们的赞许。

在我们没有面对什么诱惑的时候，按照谨慎、正义和合宜的仁慈的要求行事，并不显得多么高尚。只有在面临危难时审时度势、量力而行；在面临威胁时仍然诚挚地按照正义的规范行事，不理睬那些使我们违反道德规范的诱人利益，也不理会那些可以激怒我们的种种伤害；在小人对我们忘恩负义或者恩将仇报时还坚持自己的慈悲之情，这才真正属于最高尚的品质和美德。自我克制本身是一种美德，而其他散发着光彩的美德也都是在自我克制的基础上才得到发挥的。

对恐惧和愤怒的抑制都来源于强大的自我克制力量。尤其当我们出于正义和仁慈而这么做时，不仅体现了伟大的美德，也为其他美德增添了光彩。然而在各种不同的环境下，自我克制会受到各种不同的动机的驱使。如果出于不纯的动机，这时自我克制就具有一种十分危险和可怕的力量。就像大无畏的勇猛，如果用于非正义的事业，会是一种极端危险的力量。所以，一个人用表面的平静去掩饰他坚定而残忍并且不正当的复仇之心，但还是常常受到许多人的高度钦佩，因为那实在需要很大的勇气和坚定的决心。渊博的史学家达维拉就经常称颂美第奇家族的凯瑟琳的超人伪诈；

严肃认真的克拉伦敦勋爵也对迪格比勋爵及其后的布里斯托尔伯爵的虚伪掩饰做出很高的评价；见地非凡的洛克先生最钦佩沙夫茨伯里伯爵的隐忍；甚至西塞罗也似乎觉得这种欺骗功夫虽然未必崇高，但作为一种有效的斗争方式也有很大的价值，还是值得赞许和尊敬的。确实，这种隐忍和隐秘的欺骗在国内激烈的党派斗争和内战中无处不在。当法律已经失去它的尊严和效力的时候，当最清白无辜的人都难以自保的时候，大部分人为了自身的安危而使用这种方法进行自保，对任何有可能占上风的党派都拍马逢迎、见风使舵。这种品质实际上需要冷静坚毅的态度和决然果敢的勇气来支撑。它的效用在于，它可以用来加深对立派别之间的深刻敌意，而敌意正是伪诈生长的土壤。所以说，某些时候它确实可以派上一些用场，但害处是十分明显的。

因此，抑制那些看似不是很强烈和狂放的激情显得更有必要，因为这样自我克制就不容易被各种害人的动机所利用。节制、庄严、谨慎和中庸，这些受人喜爱的品质都不太可能导致有害的行为。而单纯的简朴、勤勉和节约，这些同样受人欢迎的散发着原始的朴实光彩的美德，也都来自和缓的但却坚持不懈的自我克制。那些过着幽僻而宁静的生活的人，他们的行为从自我克制中获得了很大程度的优美和优雅。这种优雅或许并不夺目，但却未必比那些英雄豪杰、政治家或者议员等大人物逊色。

在对自我克制进行了这么多探讨后，我认为没有必要再详尽论述这种美德了。现在我想探讨的是合宜的程度。旁观者所赞成的各种感情的程度是有所不同的。对某些情感来说，不足比过分更使人感到不快；而对于另一些感情，过分比不足更让人感到不快。也就是说，某些情感比较容易得到旁观者的赞同，而某些情感却是人们不太赞同的。我认为，某些情感之所以容易得到别人的赞同，是因为它符合当事人的心意；而某些情感不易被旁人认可，则是因为它不符合当事人的心意，让人觉得厌烦。这点可以看作一个普遍准则，因为根据我的考察，它基本是普遍存在的。下面举几个例子来论证这个观点。

仁爱、慈悲、天伦之情、友情、恭敬等这些有助于人们团结的感情，即使有时显得过分些，也不会让人讨厌。即使有的时候，我们可能会去抱怨它的过分，但仍会用积极的态度面对它。我们可能会为此感到苦恼，但却不会感到厌恶。而对于那些产生这种感情的人来说，放纵它们却是能带来快乐和愉悦的。即使这种感情被用到那些毫不知恩图报的人身上，他们也会恼恨羞愧。但是即使如此，他们也会得到人们极大的同情，而那些不知恩图报的人只会招来愤慨。而那些对他人的痛苦无动于衷的人，常常会引起我们的愤慨和鄙视。我们把他们归为感情不足的一类人。因此他们不会拥有友谊与亲情，也享受不到我们都能享受到的最朴实的快乐。

而愤怒、怨恨、妒忌、仇恨这些感情使人们之间产生隔膜，并会阻碍人群之间的各种联系，它们的过分比不足就让人觉得更加不快。人们会认为一个心里怀有太多这类感情的人卑鄙可耻。而缺乏这类感情，虽然也有一些不完美，但是不会受到人们的苛责。对于男人来说，一点点这样的感情是十分必要的。一个软弱的男人最致命的缺点就是缺乏适当的愤怒，这样他就连保护自己或者亲友免受伤害的能力都没有。然而从另一个角度说，愤怒和仇恨又是有劣根性的。过分的愤怒与仇恨会演化为让人讨厌的妒忌，而妒忌会使人怀着恶意去看待那些优秀的人身上表现出来的一切优秀之处。

不过，这种容易产生妒忌心理的人又常常可以在某些关键事情面前容忍那些没有任何优势的人凌驾于自己之上。在这种时候他们表现出了骨子里的软弱：逃避斗争、害怕混乱和求饶，甚至过分的宽容大度。这种人在面临利益的纠缠时，因为软弱和害怕，会幻想这种利益对自己是无关紧要的，于是轻易地放弃它，而在这之后又开始沮丧、后悔，乃至演化为更深的妒忌和仇恨。所以，为了生活的安逸和心灵的平静，我们任何时候都要尽力维护自己的生命和财产，尤其是自己的尊严和地位。

还有一些比过分与不足更令我们感到可恨的感受，比如被挑衅和愚弄、经历危险和痛苦。懦夫是可鄙的，坚强和勇敢的品质值得我们赞美。

因此那种以英雄气概和坚忍品质忍受这些可恨的感受的人，总能得到我们从心底的尊敬。反之，一个在痛苦和磨难面前只知道哭泣而无所作为的人，根本不会得到人们的尊敬。遇到微小的挫折就烦躁不安，更会招致别人的厌烦。坚定沉着的人不会让那些微小的伤害和小小的挫折来打搅自己内心的平静。在自然灾害或是道德沦丧中，适当地承受一些由它们带来的痛苦，对坚定沉着的人来讲似乎是一件幸事。他相信这会给他自己和朋友们带来更大的舒适和安宁。

通常，我们对于自身所受的伤害和不幸的感受会非常强烈，但也可能非常薄弱。对自己的不幸和痛苦都感到麻木的人，对他人的痛苦也会无动于衷，他不会热心地去帮助别人解脱这种痛苦。这种对生活的麻木不仁，会削弱对自己行为意义的一切热忱的关注，而美德的真正精髓恰恰在于这种关注。一个具有美德的人，能感受到灾难给自己带来的所有痛苦，也能意识到那些给自己带来伤害的恶劣品质，从而更强烈地明白自己应该具有的尊严；并且不受冲动的支配和摆布，按照自己的良心和上帝的指令冷静地规范自己的行为举止。这种高尚的坚定是以尊严和意义为主导的高贵的自我克制。而麻木不仁，只会使自我克制的品质所具有的一切价值消失殆尽。

虽说对伤害、危险与痛苦的无动于衷会使自我克制完全失去意义，但对伤害、危险与痛苦的感觉表现得过度也是不利的。而当人们的内心能够克制住对这种痛苦、伤害的过分感受时，这种自我克制的行为就会十分崇高和伟大。当然，要做到这样很难，不是每个人都可以做到的。要在自身的行为上表现得这样完美无缺，需要付出巨大的努力。同时，这种感受与克制之间的斗争会引起心灵的激烈冲突，使内心深处难以平静。上帝已经使聪明的人具有了强烈而敏感的内心感受，但我们可以在职责和理性许可的范围内尽量回避那些对自己有所伤害的环境。有些人的感情过于脆弱，对精神和肉体的痛苦都非常敏感。这种人是不适合投入任何形式的斗争中的。虽然他的理想会让他努力去克制那些感受，但在斗争中他的内心会首先受到伤害。当这种情感上的伤害屡屡到来时，理性也难以保持正常情况下的敏锐。虽然有些事情他在心里已经有了决定，但往往还是被莽撞、轻率和软弱牵制。所以，对于一直在进行自我克制的努力者来说，不管是先天的还是后天的，刚毅、勇敢和顽强的性格都是不可缺少的。

虽然战争是锻炼坚强性格的最好课堂，是治疗怯懦的最好良药，但如果这种激烈的斗争和考验提前到来，结果也是不容乐观的。生活中的快乐和享受时而过分、时而不足的感觉，也同样给我们带来种种不快。对快乐的感受不足总比过分更让我们郁郁寡欢，因为无论对谁来说，对快乐的追求，总比麻木不仁受人欢迎，就像人们总爱沉溺于孩童时代的游戏，却总是厌烦老年人的乏味和保守一样。当然，对快乐的极端过分追求对于个人和社会都是有害的。它会让我们过度沉溺于它而忘记了自己的职责。不过，理性和责任感的淡漠更容易引起人们的指责，而非对快乐的爱好与追求。如果一个年轻人只知道谈论教条和功业，而对那些适合于他年龄的各种消遣娱乐不闻不问，我们不会对他的清心寡欲感到赞同。即使他没有沾染那些堕落的生活方式，我们对他的乏味和刻板也感到厌烦。

人们有时候可能会高估自己，有时候又会低估自己。在某种程度上，高估自己总比低估自己让人愉快。但是，对于一个旁观者来说，低估你自己往往要比高估你自己更让他觉得舒服。所以同样的道理，当我们身边的人总是对自己评价过高时，我们也会很反感。当他们在我们面前摆出一副自命不凡、高高在上的模样时，我们会感到自尊心受到了伤害。我们自身的自尊和自负会促使我们去指责他人的自尊与自负。这样我们就无法公正地去评价他们的行为了。奇怪的是，如果一些同伴能够容忍别人在他们面前摆架子，我们也会非常瞧不起他们。

但是，如果他们为了爬到常人难以企及的地位而努力去迎合别人，我们虽然并不赞同他们，但还是难免为他们感到高兴。如果排除妒忌的因素，他们连连高升所带来的不快，远远比他们在别人面前贬低自己时所带来的不快少很多。

与美德有关的品质

我们在评价品质和行为的优劣时，有两种常用的标准。一种是绝对的毫无瑕疵的完美标准，这是我们每个人都认可的标准；另一种是一般意义上的完美，是世人只要肯努力就能达到的完美标准，是我们自己、同伴、敌人和竞争对手中的大多数都能够达到的标准。我感觉到，人们在进行自我评价时，大都会留心到这两种不同的标准。不同的人，在不同的场合也会使用不同的评判标准。有时使用前一个标准，有时使用后一个。在使用前一个完美的标准来进行评价时，最优秀的人也会发现自身的缺陷和不足。而使用后一个标准进行评价时，我们又会感到自己某方面实实在在地符合这个完美的标准。

具有智慧和美德的人总是完全投身于第一种标准。这种标准是他们在对自己和他人的行为品质进行长期研究的过程中慢慢产生的，是内心正义善良的品质经过长期的沉淀形成的自我要求。根据我们观察的细微和专心的程度，我们每个人都或多或少地持有这种标准。虽然持有的程度不一样，但基本轮廓还是差不多一致的。优秀善良的人天生就对这种标准的观察有着过人的洞察力，他比其他人更专心地投入到这种考察和思考中，他心中形成的理念会更加准确、系统，从而更加沉溺于这种超脱非凡的伦理之美。他会根据精确、完美的理念来努力塑造自己的品质，虽然他并不一定真的能做到那么完美，但他会为不断发现自己的欠缺和不足而感到惭愧。不过偶尔他也会转向第二个标准，这时候他才会发现自己的一些优点。可他的注意力立刻又会转移到对前一个目标的不懈追求上，以至于他所得到的安慰远远补偿不了他受到的打击。而正是因为他遭遇了这个过程中的种种困难，所以他不会傲慢地取笑、侮辱品质不如他的人。他只会通过自己的劝告和现身说法，以深切的同情心去督促他们和自己一起提高。他深刻地明白没有什么人的道德品质会完美无缺，在任何方面都超过别人。所以，当某些人在某些方面胜过他的时候，他不会因为妒忌而心理不平衡，相反，因为他能体会要达到那个高度是多么不容易，所以他对超过他的人常常怀有格外的敬意和赞许。

总的来说，谦逊、公正和客观，这些良好的品质总会指导人的心灵和一切行为活动。在美术、诗歌、音乐、辩论和哲学等独创性的艺术中，最伟大的艺术家总是最谦逊的。他比别人更快地觉察出自己作品的不足，然后在理念中创作出完美的作品，他全力去模拟它，但永远无法达到那个精准完美的地步。而相比来说，那些对自己的作品颇感满意的艺术家，层次是相对较低的，因为他的头脑中没有尽善尽美的理念，他情愿与他进行对比的是更加不如他的艺术家们。像伟大的法国诗人布瓦洛，他的某些作品可能不比古往今来的同类诗歌差，但他还是经常说，没有哪个伟大的艺术家对自己的作品感到完美。而他的老朋友桑托伊尔爱写拉丁诗，虽然只创作了一些中学生水平的作品，但却对自己的作品感到很满意。布瓦洛曾说："桑托伊尔肯定是有史以来这方面唯一一个最伟大的人。"这虽然是一种狡黠的双关语，但至少表明布瓦洛总是用诗歌方面最完美的理念和标准来要求自己。这样看来，一辈子总用那个尽善尽美的标准来要求自己是很难的，相比之下，还不如制作一个简单精巧的工艺品来得容易愉快得多。

所以，当人们用第二种标准来评价自己时，他会发现自己在很多方面的优越性都远远超出了这个标准。这种结果是令人愉快的，并且也会得到旁观者公正而理智的认可。但是，当人们完全抛弃理念上的完美而专注于一般的完美标准时，他们就会慢慢地变得骄傲并且目中无人。他们会变得非常喜欢赞美自己，并且用极端自信和自欺欺人来展现自己，骗取他人的信任。不用说老百姓是多么容易相信他们的骗术，从而很快成为他们盲目的崇拜者；就连很精明的人也容易被他们愚弄。就像那些冒充大师的假内行，虽然没有什么真才实学，但经常受到众人的追捧。当这种自我吹嘘和他们身上某些优点联系在一起时，就更容易骗取别人的信赖，因此他们完全有可能得到位高权重的大人物的支持，也完全有可能因为偶然的成功而博得愚民的顶礼膜拜，这时这些骗子甚至被人们认为是伟人。可见，人的理性也往往容易被群众的愚昧所掩盖。当人们远远地观望这所谓的伟人时，他们果真是怀着真诚的仰慕和钦佩之情。但看透这一切的人则只会对此报以冷笑。几乎所有的时代都出现过这种人，许多声名显赫、威风八面的人物，都会在后世变得声名狼藉。

但是假如没有一定程度的这种过度的自我赞赏，很少有人能获得支配社会的巨大权力，然后取得巨大的成就。那些杰出的伟大人物之所以能够出人头地，大多数并非天赋异禀，而很大程度上是因为他们的这种充分的自信和自我欣赏。创立丰功伟业的领导人、最伟大的政治家和议员、最成功的政党领袖都是如此。或许，这种盲目的自信和自负，不仅让这些人投身于常人不愿问津的事业，而且使得追随者们有了顺从和崇拜他们的理由，从而帮助他们获得真正伟大的功业。而当他们屡获成功时，这种自负使得他们更加虚荣，并且接近愚蠢和疯狂的程度。亚历山大大帝就是一个很好的例子。他不仅希望别人把他看成是一个神，他自己也几乎把自己看作一个神。他临终前居然要求人们把他的朋友们和他年迈的老母亲奥林匹亚都尊崇为神。恺撒甚至愚蠢而天真地认定自己是维纳斯女神家族中的一员。而在恺撒自认的曾祖母维纳斯的神殿前，当地位显赫的罗马元老院把这种非凡的荣誉授予他时，他竟然不敢接受。这种难以理解的虚荣和他的其他一些不好的行为结合在一起，更加剧了百姓对他的怀疑和反对，导致他的政权被推翻。当今的宗教和习俗虽然不鼓励大人物们以神明自居，但成功的虚荣与百姓的欢呼爱戴仍然会使一些大人物陶醉于对自己价值和能力的高估中。像恺撒一样，这种盲目的自负是引发许多危险举动的原因，而一个谦逊、懂得自我克制的人却永远不会这样。伟大的马尔伯勒公爵取得的一系列辉煌的胜利，恐怕是一个普通人难以想到的，但他却没有因此而有片刻的得意忘形，这大概是他最难得的一个特性了。后世的另外一些伟大统帅如尤金王子、已故的普鲁士国王、伟大的孔代亲王，还有古斯塔夫二世，也都具备这种理性的冷静和自我克制。

建功立业的伟人往往因为优异的才能和巨大的成功而使他们的野心一发不可收拾，最终招致毁灭的命运。

我们总是对那些真正勇敢、大度和高尚的人表示由衷的钦佩。这是一种恰当而有根据、稳定而持久的感情，与人物的运气好坏没有任何关系。这不同于我们对那些自负和自我陶醉的大人物所产生的钦佩。当这些大人物声名显赫时，我们确实容易被他们的成功遮住眼睛而对他们产生极其神往的钦佩之情，从而忽略他们的行为中表现出的轻率、鲁莽和缺乏正义。如果这些大人物突然遭遇了失败，这种盲目的崇拜很快就会瓦解。他过去的那些被丰功伟业所掩盖的贪婪和邪恶就会被人们放大，使他们臭名远扬。假如恺撒在法萨卢斯战役中失败，那他只会被人们贬低得只比喀提林稍微好一点。有些愚昧的人可能还会做出更加恶毒的评价，把恺撒说成一个密谋反对国家法律的恶人。而其实恺撒和喀提林同样也具有人们公认的优点：合理的爱好和追求、优雅明白的文字、完美的修辞、指挥战争的娴熟技巧、危难面前指挥若定的能力、对朋友的忠诚以及对敌人的宽宏大量。但他不断膨胀的野心和不可一世的态度使得这些优点都失去了意义。这种人物得到的道德评价往往会受到他们命运的重大影响。正所谓“成者王败者寇”，同样的品质，成功能使它获得爱戴和崇拜，失败则会使它被人们厌恨和唾骂。这种道德的判断虽然有欠公正，但也并非一无是处。这也是英明上帝的成功创造，它的效用在于可以帮助确立各个阶层之间的区别和社会秩序。它也能够使我们更好地服从那些为社会带来发展的胜利者，引导我们接受这些伟大人物带来的残暴，引导我们带着一种有些愚昧却有利于我们的崇拜心理来服从这些强大的胜利者。

虽然自大自负的人有时候会显得比谦逊的人更容易成功，人们也更容易对那些自高自大却饶有成就的人赞美有加，但如果深入思考，我认为真正能带来长远利益的是谦逊而非自大。因为那些从不贪图虚名、从不自我吹嘘的人，从不担心有一天会身败名裂。虽然没有多少人会狂热地崇拜他们，但那些对他们有深刻了解的哲人，都会从心底由衷地赞赏他们的品质。而一个真正的哲人的公正赞誉，要比上万个无知的人表示的热情更让人鼓舞。据说巴门尼德曾经在雅典的一个集会上发表演说，当他看到只有柏拉图一个人在倾听，其他人都转身离开时，他继续演说。

贤达之人对大人物的赞美总是最少，他们对大人物身上的其他品质的一点客观公正的敬意，是远远满足不了大人物的自我期望的。他们真诚的敬意在他看来甚至是某种恶意的讥讽和妒忌。因此，他开始怀疑那些患难与共的老战友对他的忠诚，忘记他们曾经为他做出过的帮助和努力。那些曾经跟他患难与共、对他忠心耿耿的人，最终都成了他清理的对象，而那些对他阿谀奉承的小人，却最容易得到他的提拔。亚历山大大帝就在功成名就之时，为了把父亲菲利浦开拓疆界的功绩占为己有，杀死了他的朋友克立特斯；卡利斯塞纳斯拒绝按照波斯方式向他顶礼膜拜，也被残酷地杀害；还有父亲菲利浦的好友、年高德劭的帕尔梅尼奥也被他以莫须有的罪名处决了。而这位老人几乎所有的儿子都为亚历山大而战死，即使仅存的一个，也在受尽酷刑后英勇就义。菲利浦生前经常评价帕尔梅尼奥说："雅典人真幸运，每年能选举出十名将军，而我一生中只有一个帕尔梅尼奥。"帕尔梅尼奥的能力和忠义让菲利浦感到轻松不少，他在宴会上常说："让我们尽情痛饮吧，朋友们，因为帕尔梅尼奥从来不沾酒。"据说，没有帕尔梅尼奥的运筹帷幄，亚历山大大帝根本不会赢得远征的一系列胜利；没有他，亚历山大就不会有那么辉煌的功业。而那些受到亚历山大提拔的溜须拍马之徒，在亚历山大归天之后，不仅瓜分了他的帝国，还残害了他所有的亲属。但是，对于那些超凡脱俗、出类拔萃的优秀人物，即使他们常常喜欢做出过高的自我评价，我们也会报以体谅和宽容。因为他们在我们眼中仍然是勇敢、宽容和高尚的。而对于那些没有什么过人之处也要自命不凡的家伙，我们就会对他感到万分的厌恶。这种缺点，可以分为骄傲和虚荣两种。这两者之间虽然都包含了自大的情绪，却有着很大的区别。

骄傲的人总是没有理由地相信自己具有某种过人的优点和长处。他不要求得到别人太过夸张的赞美，但他希望你像尊重自己一样尊重他，否则他就会感到自尊心受到了伤害，从而心生怨气。但是他的自尊心太强，以至于他不会说出生气的理由，并且为了增强自己的信心，他会告诉自己博得你的尊敬是没有意义的，他要装作蔑视它。但他非常不愿意你用贬低自己的方式去抬高他，更不喜欢你用伤害自己自尊的方式去尊重他。

虚荣的人则希望得到种种夸张的尊敬和美誉，虽然他自己内心深处也不敢相信自己会得到这些。当你用朴实的眼光来看他的时候，他会感到非常不快。他希望人们用一种比较惊喜和夸张的眼光来看待他，所以他利用一切场合和机会，夸耀他那一点点的优点，并且不惜用低三下四的奉承手段来赢得你的好感和尊敬。他也鼓励别人做出很高的自我评价，并希望别人要用对他的吹嘘作为报答；他不遗余力地去奉承别人，只是为了自己得到奉承；他对人殷勤有加，只是为了博取别人的青睐；他不惜为别人提供真实的帮助，但只想通过这样卖弄自己的本领，并把别人哄得对他更加感激。

爱好虚荣的人看到人们对地位和财产的敬意，便很想得到这种敬意；看到人们对美德和慈善的敬意，便也想得到这种敬意。为了显示他的阔气，他从服饰、用具到生活方式，都要显示他的“地位”和“财产”。为了维持这种状况，他透支了将来的财富，以至于在往后的很长一段时间里他都将生活在贫困和拮据之中。但是只要他还能设法撑住台面，他就会为了虚荣而继续这么做下去。他既沉醉于人们对他那些富丽堂皇的家居服饰的羡慕之中，又时刻担心别人了解他的底细。这就是虚荣者普遍的心理状态。那些爱慕虚荣的无名之辈，总爱跑到外国游历或者从偏远的乡下跑到都城来游览一趟，以显示自己的生活水准，而这种行为比起打肿脸充胖子来，不那么容易被揭穿。

骄傲的人永远不会干这种打肿脸充胖子的愚蠢事。他的自尊心使他一直以来都坚决又小心翼翼地维持着自己的独立。当他的收入还不丰裕时，他会开源节流，以便早日通过自己的努力过上体面的生活。他认为爱慕虚荣的人的那种排场是一种对现实身份的无耻粉饰，他对此感到非常愤怒，经常毫不留情地对这种行为展开批评、责骂。

骄傲的人与自己身份地位相当的人打交道时，总是感到不太舒服；而和比自己的身份地位更高的人打交道，他就会感到更不舒服，因为他被那些人的高贵气质和优雅谈吐深深地征服了，这使他觉得有一点自卑，因此他不敢在他们面前放言自己的抱负。为了寻找心理平衡，他会转向与那些地位比他低的人打交道——他的下属、侍从和有求者，在他们面前他总是能很好地维持他的骄傲。他也很少拜访地位比他高的人，即使偶尔这么做，也无非是为了显示他有资格同这种人打交道。就像克拉伦敦勋爵所说，他有时到宫廷里去，因为只有在那里才能发现比自己优秀的人；但是阿伦德尔伯爵却很少去，因为他在那里总能遇到比自己优秀的人。

相比于骄傲的人拼命逃避地位比他们高的人，爱慕虚荣的人则拼命贴近那些人。他们似乎固执地认为，大人物的光彩总会有一些辐射到接近他们的人身上，于是爱慕虚荣的人经常游走在君主们的宫廷和权臣们的府邸间，时刻摆出一副想得到肥缺和提拔的丑陋嘴脸。如果某天他有幸被大人物邀请参加他们的宴会，他会因此而欣喜若狂，认为从此又增加了一个可以向人炫耀的筹码。他会拼命拉拢上流社会的各色人物，且会立刻远远地躲开处境变得不利的他的最好的朋友。对于那些有望引荐提拔他的人，他会不择手段地使出浑身解数来讨好他们，而对于不能给他带来好处的人，他不太乐意理睬他们。骄傲的人虽然并不是对谁都彬彬有礼，但从来不拍别人的马屁。

尽管一切自我吹嘘都是毫无根据的，但虚荣的人往往总是带着一种轻松愉快的情绪，而骄傲的人则总是带着一种沉重严肃的情绪。爱慕虚荣的人常常会说一些没有太大危害的谎言，无非是为了抬高自己的身份而非贬低别人。而骄傲的人轻易不愿撒谎，可一旦撒谎的话，都会有非常直接的目的。骄傲的人撒谎本意似乎都是贬低他人，因为骄傲的人对于某些不正当地享有较高地位的人总是满怀愤怒，并且他总是以一种敌意和妒忌的语气来贬低别人的长处。无论什么有关他人短处的流言蜚语传播开来，他都乐于相信它们，并且添油加醋地进行传播。所以，对于爱慕虚荣的人的即使是最恶劣的谎言，我们大多也会一笑置之；而对于骄傲的人的恶意的谎言，我们就没那么容易接受了。

骄傲和虚荣都是两种让人讨厌的情绪，所以人们一般认为骄傲或者虚荣的人的道德水准低于普通人的水平。但是我认为，这种想法是我们产生的一种错误印象。我认为骄傲和爱慕虚荣的人，一般或者绝大多数人的道德水平是远远高于一般人的道德水平的。虽然把他们和他们自我吹嘘的程度进行对比，他们毫无疑问是达不到的。但如果把他们和同类的竞争对手相比，就会发现他们其实远远高于一般的对手。骄傲和谦虚其实都具有与其伴生的美德。比如骄傲总伴随着诚挚、直爽、荣誉、正派、坚定的友情和坚韧的事业心，而虚荣往往伴随着仁慈、礼貌、知恩图报。法国人在20世纪常常被对手指责成爱慕虚荣的人，而西班牙人被指责成骄傲的人。而在外国人眼里，法国人其实很可爱，而西班牙人更值得别人尊敬。

人们很少用骄傲和虚荣来夸奖别人。但有时候，在谈起某一个人的好处时，说他是因为有些虚荣心倒往往更让我们觉得舒服些。可以说，虽然我们把虚荣心看作是一个有缺陷的、可笑的品质，但是事实上虚荣心带给人更多的感受是高兴，而非不快。而骄傲这个词常常被人当成一种赞扬。我们有时候会说某个人非常骄傲，从不肯做低三下四的事情，骄傲在这里其实代表一种高贵。伟大的亚里士多德在描述一个人的高尚品质时，就着重刻画了一种特色：所有下定决心去做的事情都是经过深思熟虑的，所有的行动都是从容不迫的，他的声调和谈吐是庄重、谨慎的，在对那些性命攸关的重大事务做出选择时，他往往有一种满不在乎的洒脱，他不喜欢莽撞地投身无价值的危险事业，但如果面临有意义的危难时，他也会不顾性命，赴汤蹈火。而这种特色，正是在200年以来常常被用来描绘西班牙人的特质——骄傲。

骄傲的人通常不认为自己的品质需要任何改善，他对自己感到非常满意。他轻视一切进一步的提高，那种对于自己优点的自信和狂妄的自高自大会伴随着他的一生。像哈姆雷特一样，他死时也不忏悔和接受临终涂圣油礼，于是只能带着所有的罪孽离开人世。

虚荣的人想要得到他人尊敬和钦佩的渴望，其实是一种对真实光荣的热爱，这种热爱是人类的本性和天生的激情中最好的一部分。虚荣心往往只是希望早点获得本该以后才享有的荣誉，那并不有伤大雅。所以，如果你有一个正值 25 岁的儿子，即使他现在只是徒劳地吹嘘自己具有聪明和高尚的品质，也不要对他丧失信心，因为他完全可能在 40 岁的时候成长为一个那样的人。把这种虚荣心引导到正确的轨道上，就是教育的宗旨和秘诀所在。微不足道的小小本领虽然没有什么值得夸耀的，但不要过分贬低这些本领，而让他觉取得成功所需要的才艺是那么遥不可及，使他对任何抱负失去信心。只有他热切地追求这些目标，他才可能真正在追求它们的过程中增强自己的本领，并最终得到它们。鼓励他的追求，并为此提供一切必要的条件，就是我们作为父母和教育者应该做的。如果有时他在功夫尚未炉火纯青时就装出一副已经获得这种才艺的自高自大的样子，请不要对此过于看重而生气。

综上所述，骄傲和虚荣心按照各自固有的品质发生作用时表现出不同的行为特点。不过，骄傲和虚荣常常是交织在一起的。骄傲的人通常会爱慕虚荣，而爱慕虚荣的人大多也会表现出一副骄傲的姿态。这并不奇怪，因为对自己评价过高的人，也希望别人同等地看待他；希望别人高看自己的人，对自己的评价也难免言过其实。因此浅薄和卖弄夸张的虚荣经常和最幼稚、最傲慢无礼的骄傲联系在一起，使我们不知道它到底是何种品质，到底该叫作骄傲还是虚荣，不过这并不是很重要。

那些明显比别人优秀的人，也会偶尔具有骄傲或虚荣的情绪，并因此而高估或者低估自己。虽说这些人不一定特别高尚，但和他们打交道一般会令人感到非常舒服——所有的人在和一个宽容温和的人打交道的时候，都会感到很轻松、很自在。但是如果不是因为这个人比别人有更好的能力和更好的品质的话，也没有那么多人愿意和他打交道。而如果碰到没有太多人对他表示敬意的情况，这个人就会觉得他的朋友怀疑自己的鉴赏能力和身份、地位是否相配。于是他转而亲近那些对自己的身份、地位不做任何质疑的愚蠢者，但在一段时间的忍耐之后，他就会渐渐对那些人的愚蠢和低俗变得不耐烦起来。他回想原来那些并不对他表示尊敬的同伴，反而感到非常幸福，于是，他可能从此学会公平地对待原来那些友好的朋友。所以说，骄傲和虚荣并不是完全没有好处的。但一个过于谦虚和过于朴实的年轻人常常随着岁月的流逝变成一个不被人看重、整天抱怨和心怀不满的老头。

那些不幸天分不足的人，往往比别人更容易低估自己的能力，这一般会使他们被人们称为傻瓜。但是，只要稍作观察就会发现，他们的理解力和创造力并不低于那些没有被看作傻瓜的人。许多人口中的傻瓜跟着别人读书上学，也磕磕绊绊地学会了读、写、算。然而许多没有被看作傻瓜的人，即使幼年时具备良好的教育条件，却到晚年也没有学会读、写、算中的任何一项。但由于骄傲感的促使，他只会拿自己与那些岁数、身份与自己相仿的人相提并论，如果有人质疑的话，他会毫不犹豫地站出来维护自己的尊严和地位。而人们眼中的傻瓜正是由于缺乏这种勇气，总觉得自己不如所有人。也许他也会因为受到蔑视和不公正的对待而大发脾气，但任何平等、善意和有礼的待遇，都没法使他相信他其实很不错，都没法使他挺起腰杆平等地和人对话。而一旦他有一天做到了，你会发现他的思维和谈话非常理性，并且一点也不缺乏条理，但他内心深处强大的自卑总是难以抹去，导致他很难鼓起勇气和别人面对面地交谈。他始终觉得自己很差劲，没有什么价值，哪怕别人在他面前表现出非常谦虚的姿态。大部分傻瓜可能是因为思维能力的麻痹迟钝，而缺乏维护自己尊严和地位的骄傲本能。但有些思维水平并不低的傻瓜，他们未必缺乏骄傲的本能，经过一段时间的努力，他们会摆脱“傻瓜”这种称呼的。

所以，良好的自我认识和自我判断十分重要，它能使本人得到幸福和满足，也能给别人带来愉悦。能够客观公正地评价自己的人，也容易得到别人的尊敬和认可。这是能为我们带来满足和快乐的。

骄傲或虚荣的人却很难得到这种满足。骄傲的人终日为别人名不副实的荣耀而愤愤不平；而虚荣的人则每时每刻都在担心自己那些凭空的吹嘘被人揭穿。骄傲或虚荣的人总是因为这不招人喜欢的情绪，而遭到别人的误解，使人们低估他们的品质。但对于一般人来说，除非我们受到了来自他们的人格侮辱，否则我们是不会随便跟别人动怒的。而对于那些低估自己能力的人，一般人会采取和他们一样甚至比他们还过分的方式回报他们，只有少有的睿智的人才不会那么做。那是因为相对来说，常常是低估自己的人比高看自己的人要阴暗一些。总的来说，过分的骄傲总比没有原则的谦让要好。不管对谁来说，过高的自我评价总比过低的自我评价更让人觉得舒服。

总而言之，与其他情感一样，一个人对于自我的评价如果能让公正的旁观者感觉恰当，也就会使当事人感觉愉快；如果旁观者感觉不合宜，本人也会感觉不快，而不管这种不快是由于情感的过多还是不足引起的。

第四章 结论

出于对自身幸福的关心，我们怀有谨慎的美德；出于对他人幸福的关心，我们形成正义和仁慈的美德。谨慎让我们自我克制，从而使我们免遭伤害和痛苦；而正义与仁慈让我们为他人谋得幸福。一般来说，如果不考虑他人的想法和感受，谨慎是自私的，而正义和仁慈才是无私的。但是，出于关心他人感受的天性，这些美德都将在理性的指导下产生。一个尊重自己内心深处永恒的良知和情感的人将会一辈子坚定不移地执行这三种美德。如果我们出于个人的私欲，没有遵守这三种基本的美德，那么我们就会受到自己良心的谴责，我们会为自己有损于自己和别人的幸福安宁而终生悔恨。

虽然谨慎、正义和仁慈这些美德会在不同的场合下要求我们关心自己和他人的幸福，但是在大多数场合，我们都应该坚定地遵守自我控制的美德，因为它几乎完全是出于对旁观者的情感的尊重。它只受一种原则的支配，那就是合宜感，或者说恰当感。如果没有自我克制的美德，在所有场合中，任何个人的情绪都会得到宣泄，狂热或焦躁、愤怒或恐惧，都会一发不可收拾。而在这种自我克制的品质下，在某些场合，人们的虚荣心会受到自我的压抑，从而不显得那么夸张和虚伪；人的生理欲望也会受到限制，表现得不那么张扬、下流或者放荡。在多数情况下，驾驭我们难以控制的情绪，即自我克制的唯一准则就是对一个问题的重视：考虑别人会怎么想、应该怎么想和在特定处境下会怎么想。

人们在大多情况下抑制自己的情绪，往往是考虑到发泄这种情绪会带来难以收拾的后果，而不是考虑到这种情绪不理性。而情绪或情感在这种时候只是受到了暂时的压制，常常伴随着怨恨和愤怒的倾向隐藏在内心深处，然后等待一个合适安全的时机更加汹涌地再发泄出来。所以，一个人应该学会向别人倾诉自己的不幸，别人的同情会使他那澎湃的情绪得到缓和，从而促使他用理性来代替原来的感情冲动。这样，他的愤怒在朋友的疏导和安抚下，不仅得到了疏解，而且渐渐消失，不再成为他去报复的诱因。

人的各种情绪都可以用这种源于合宜感的自我克制的品质来克制。出于谨慎而压抑的情绪，往往会因为压制而越发激烈。也许在人们已经淡忘它的时候，它会出人意料地狂怒发作起来，并且带来难以预料的后果。

而愤怒也常常因为出于谨慎考虑而被抑制。果敢而自制地进行这种抑制是十分必要的，但是，这种谨慎的举动只会得到旁观者一种敷衍的敬意，而不会得到人们对待理性的那种赞赏和鼓励。虽然这种努力也代表了一种品质，但比起理性的合宜感的美德来，旁观者不太会觉得它有多么特别和高尚。

谨慎、正义和仁慈这些美德不会产生什么危害，它们只会为人们带来愉快的效果。而具备这些美德的人也得到了同等的回报：谨慎处世的人受人称赞，并且享受着在沉静和思虑美德保护下的安逸；正直的人也被人赞许，同样享受这种安逸；而仁慈的人不仅会得到受惠者的感激，他的优点也会被公众所熟悉，因而得到至高无上的荣誉。无论是行善之人还是冷静的旁观者，对美德的赞许总是来自它那让人愉悦和有用的感受以及与理性的合宜感的结合。

但是最后要提醒大家注意的是：我们赞美美德，只有一小部分是因为它的有效性。而美德的有效性有时是符合人们意愿的，有时候则与人们的希望恰恰相反。但是，即使在这种情况下，我们还是肯定和赞同这种美德。只会在当它符合我们愿望的时候，我们才会更加赞美它。拿英雄主义来举例，它可以运用在正义的事业中，也可以投入邪恶的事业。尽管在正义的事业中，人们会给予英雄主义更多的景仰，但是即使在邪恶的事业中，英雄主义也并不会被我们否定。所以，英雄主义之所以被人们崇拜，是因为坚定的信念所表现出来的合宜感，而它产生的影响力，却往往不会被人们太过重视。同样，其他所有的美德得到人们广泛的赞同，也主要是源于合宜的美感，而非其他。

卷七

道德的学说

第一章
与美善品性相关联的深刻问题

如果我们考察品类繁多的对人类道德本源做出的恰当与理性说明的那些卓越理论，我们便会发现，那些充满智慧光芒的理论都在不同程度上与我努力探寻的精神本源有着完美的一致，而且还会发现，倘若在前述中提及的每件事情都经过充分考察，我们就会非常清晰地明白，那些智者是依循什么来确立自己独特的关于人类本性的观点，抑或他们对此所秉持的看法及其认识。在世界上享受着崇高礼遇和尊敬的有关道德的学说，与我试图阐明的某个人性的基本原则有着一脉相承的关系。从以天然的性情为学说基础这一视角来审视，这些道德学说是无可指摘的。然而，道德理论关于天性的观点存在着不可避免的局限性，从而有失它的完整。所以有关人性的道德学说存在着诸多问题。

有两个问题需要我们在探讨道德本源中加以明确。其一，被人们普遍赞同、尊敬的以性格和行为构成的美好品德存在于何处？其二，是什么原因让我们对这些美好品德加以赞同和尊敬，或是怎样的力量让我们对其有了深刻认识？换言之，人们普遍表现出来的厚此薄彼的倾向，即什么因素影响了我们对一种行为表现出来的道德品质加以赞同和尊敬，而对另一种行为加以非难和责备？这些倾向是通过何种手段得以实现的？

美好品德是否存在于人们的慈爱当中？和令人尊敬的哈奇森博士一样，我们也正在思考这一设想的可能性。也可以像克拉克博士做出的假定那样，将美好品德放置在与我们相连的各种不同的关系行为中进行探讨。

当我们用人们固有的观念和角度来考察美德是否存在于对自己真实可信、体现我们对智慧和幸福的追求之中时，我们其实就是在对第一个问题进行探讨。

美好的品质可能存在于任何地方，也可能触摸不及它真实的身影。不过，这一品质的伟大之处在于，它能使我们从自身领悟增进爱惜之情、理性之光，以及判断对道德意志本身具有的弃恶扬善的领悟力。这一领悟力使人人有感于内在的满足，而对相反的品德产生厌恶，使我们在考量人的天生性情的同时，去发现其他附属的人格品性。这是智者有关道德学说给予我们的启示，也是我获得更大观察力的视点之一。

在此，我首先就前一个问题考察与之有关的道德体系，而后再深入对我所关注的视点进行理论方面的讨论。

第二章
有关美德品性的各类学说

引　言

在有关美德本质，或者就构成这一本质的值得称赞的人性情感进行探讨的诸多理论中，我们可以归纳出三种类型。在一些学者看来，心性与情感存在于我们所能掌控的全部恰当的感情当中。因追求这种感情的程度及其最终达到的目的不同，心性和情感既有善良的内涵，亦有邪恶的意象，因而这些智者认为，美德与合适性相宜。

持不同观点的另一类学者认为，对于私利与幸福的追求是美德存在的必然土壤，美德必然隐含在对私利和幸福的独一无二、不容置疑地审慎支配之中。根据他们对此的认知，美德存在于个人的谨慎中。

在另一类学者看来，以他人幸福为情感满足的基础，并将此种利他性加以促进，是美德影响人之性情的唯一途径。据此看法，仁爱之心与慈善胸怀，是给予任何一种美誉德行最好的赞赏。

由此可知，美德的秉性，既存在于没有任何倾向的，但具有可控性的各种情感中，也存在于某一类乃至某一部分的具有相同性质的情感中。私人情感和仁慈品德是人类情感的两大分类。因此，倘若我们对于美德不能加以适当的控制，显然，它必将要么成为仅以有利于自己幸福为目标的情感归类，要么成为仅以有利于他人幸福为目标的情感归类。因而，假如美德不能与合适性相宜，那么势必存在于谨慎的个人追求之中，抑或存在于仁爱慈善之中。三者之外，实难有与美德品质更为契合的学说体系。

若干令人耳目一新的解释，在其本质上，与上述观点并无根本区别。以下，我将对此做出详细说明。

·第一节·

美善品性与合宜性相一致的那些体系

美德与行为的适合性相一致，或与情感的分寸感有关。这是依据柏拉图、亚里士多德以及芝诺的观点而得的结论。

1. 柏拉图认为，精神世界与某类小而完整的团体相类似，由三个各异的功能或体系组成。

首先是判断的功能，它既是对何种因素帮助我们实现目的的最恰当的确认，也是对哪些目的更适合我们去完成的确定，并且对完成这些目的给予合适的评价的功能。柏拉图将其明智地称为理性，并将其作为指导我们所有美好情感的基本原则。很明显，在理性情感的基本原则下，柏拉图将人们对于高尚与丑陋的判断功能及对于心愿和现实的判断功能的合适性归属其中。

不同表现形式的热情与欲望，即此原则所面对的自然属性，被柏拉图归纳为两种各异的类型。前一类型来自于骄傲和仇恨的那些激情，或发自于被学院派人士称之为易怒的激情，诸如野心、憎恶、超于常人的对名誉及胜利的渴望。这一类情感普遍认为是来自我们的语言隐蔽下的脾气或天然的激情。后一类型缘起于对快乐的爱好，或基于学院派人士称之为人性中对色欲部分的一切渴望，包括由身体的快乐而产生对精神欲望的满足。

除了这两种情感类型对我们的影响外，即在骄傲和仇恨给予我们以内心的激荡，或是令人满足的快感传递给我们的诱惑之外，我们很少违反柏拉图所指出的基本原则，要求我们的、在情感冷静的状态下，做出符合追求目标的行为。需要指出的是，虽然这两种类型会让人们极其容易地落入不堪的境地，但是人们依然将其视作自身天性的必然组成部分。

前一类型是护身符，让我们在得到应有的荣誉与胜利时免于伤害，并以相等的方式去认识及对待他人；后一类型则让我们追求精神以外的东西。

依照柏拉图给予我们的基本原则中蕴含的对于道德品性的准确认知，会发现审慎的姿态亦为美德的内容。它依存于外在的公正与自我的清晰体认，并以相应的目标及其实现过程为主要观念。

易怒的激情，也就是前一类型，通过理性的指引，能使人们在追求适宜的高尚情感或是舒适体验时，会对突然而至的困难及挑战采取不顾一切的藐视姿态。以此构成坚忍不拔和宽宏大量的美德。

这种情感表现方式，在柏拉图的理论中，被认为比人类的其他天性更加激昂与高尚，它可以作为理性不可或缺的补充，而用于控制与适宜性相冲突的低俗的欲望。有智者指出，坏的情感如生气、郁闷，乃至暴躁，皆因我们常常为了响应激情而从事自己不认同的事情，此即为人性中易怒部分因欲望而引起的过度情绪。

当天生的性情中显现三个部分相互一致，当虽有易怒的情感，但依循理性的指引远离过度的热情，即以理性的原则去从事自愿的事情，而对此外的事情表示冷漠时，就形成了自制的美好品德。“自制”这个词语或许可以被更为合适地理解为内心的沉稳和平顺，或是精神意义上的和气。

根据以上所述，附属心灵的三种功能各安其分，并不试图去僭越它所不能亦无法涵盖的其他功能的职责时；当理性之光高昂，热情之火平顺时；当人所明晰的热情皆各依其轨迹，平和畅然，且以自身适宜的全部能量去尽力追求以正当代价为过程的目的时，就萌发人所共知的、被智者称为正义的、与柏拉图依循的某类古希腊思想相对应的美德与品性。

值得注意的是，希腊语中表述正义的那些字词有诸多不同的意义。在其他语言中表述相宜含义的字词也同样存在着类似情况。正因为如此，那些不同意义的字词间必然存在着一种令人感到奇妙的天然近似。在这个意义上，我们并未给予他人任何的实质性的损害，亦即对他人的人身、财产、名誉未造成直接的损害，这就是我所强调的正义的本意。前面我们已经讨论过，遵从正义可能来自外界强迫，若违反则会受到严厉惩处。就另一意义而言，假使他人具备令我们尊重的美好品德，而我们不以相应情感予以对待，那必是我们的情感采取了非正义的姿态。即便我们并没有对其身体造成伤害，但就我们将其安放于非公正的地位而言，那也是不公的。这一合宜性在于态度与行为的一致，也即与亚里士多德及其学派信仰者所遵循的正义相一致，也同格劳秀斯所说的 justitia expletrix 相一致。

正义包含于以恰当的姿态、合理的情感所表现的全部美德之中，也就是与慈善的本源相一致，也是合适性情感的组成要素。它适用于以慈爱为目的的对他人的关切中，适用于在我们看来较为合宜的情绪中。因此，我们所知的全部社会道德都是正义的内容，除此之外，正义这个具有光辉色彩的词语，其所延伸的意义被人们更为广泛地使用。就我看来，此种意义与前述的第二类颇为相近，在各种表述正义的语言中呈现多重意义。倘若不以此种意义对特定对象赋予我们特殊的敬意，抑或不以在他人看来应该有的热情程度去重视或追求恰当的热情，就正义这一字眼所引申的意义而言，我们的言行必当是非正义的，对一首诗或一幅画所表达的情感也是如此。赞誉过分会被认为言过其实，而让人不屑一顾，或在他人看来没有充分表达敬佩，甚至被认为态度不正。与此对应的是，倘若对我们自身有关的各种利益视而不见，也将被他人视为对己不公。由此而言，正义的标准在于言行的准确及恰当性。除了众所周知的广义与狭义的分类其及职责外，一切有关的美好品德，诸如审慎、坚韧以及自制，都囊括在这一标准中。

以上就是柏拉图对正义及与之相关联道德的领悟，亦是对包含全部无上美德的品质或对作为这一品质重要部分的适宜的称赞对象的说明。依他所言，美德的本源在于精神世界所处的状态，即人们的所有行为归属于自己的正当情感之列，不侵害其他功能，以它应当的执着与审慎履行适当的职责。这一表述与我们前面所言的对行为合适性的说明相一致。

2. 依照亚里士多德的观点，美德存在于理性包容下的中庸的习性之中。在他看来，无论以何种形式出现的美德，皆处于邪恶与善良之间。因偏于一方太过或对另一方不足，都会使人心生不快。因此，刚强坚毅的性格或称为勇气的品质，皆位于谨慎胆小、急功近利或与之相类似的对立情绪的两端。正因如此，称得上具有美德的人对节俭的追求，也时常处于贪婪吝啬和挥霍无度这两种相反的状态中间。它使恰当的理性的情感超出了应有的程度。与之相似的是宽大的气度同样处于骄傲自满和优柔寡断之间。前者强烈地表达了我们对于高贵身份和处世尊严的过分关注，后者则显示出对这两方面表现得过于冷漠。毋庸置疑，关于美德的这一阐释，与我们前番所述的对于行为本身的合适性的解读有着异曲同工之妙。

在亚里士多德眼里，与其将美德理解为适度合理的情感体现，不如将其视作适当的习惯更为恰当。有必要注意的是，美德既可看作具体行为的特征，也可视作个人具备的品质。就前一种而言，即便依照亚里士多德的观点，美德也完好地存在于表现丰富而理智的行为之中，它的自我克制并不以习惯与否为依据。而对后一种而言，美德与富有理性情感的并具有自我克制意识的习惯相一致，与人们常见的并予以接受的情绪及其倾向相关联。

就此而言，若干偶然发起的慷慨热情与慷慨行为有其本质的一致。需要注意的是，做出这一举动之人与慷慨的美德本身却不具有关联性，因为慷慨的行为对他来说可能是平生唯一的一次。即便目的纯净，动机简单，情感理性而又与合适性相调和，然而，因其事发的偶然性，并不以情绪的满足为出发点，亦非性格中稳定情感所引起的持久的以利他为原则的行为，因此，它不会给行动的实施者带来丝毫的令其感到自豪的荣誉。

有一类被称为仁善慈爱的高尚品质，我是说，名称表述的主题是有关实施行为的人身上常见的习性。而若具体至某一行为本身，则很难确切认知行为人具备何种习性。倘若通过某一个行为便将美德的标记烙印在行为人身上，那么行为秉性最令人不齿者也以为自己有与高尚品德为伍的资格。因为没有人会在公共场合做出有悖于礼仪规范和道德约束的行为。因此，不管受到何种程度的褒扬，就行为的偶发性来说，人们也绝不会给予其持久热切的掌声。不过，倘若平常依道德规范行事之人偶为罪恶之行，便会极大损害，乃至完全剥夺我们以往对他在道德层面上形成的卓越印象，打破在此层面上所做的全部设想，并将其归类到不可信赖之人的行列之中。

在亚里士多德将上述有关道德存在的观点提供给人们的同时，也试图将反对柏拉图学说的观点纳入其中。后者认为，最为完备的美德构成在于对何种事情应当做、何种事情应当避免的具有正义与理性情感特质的研判。依照柏拉图的观点，美德即是智慧。在他看来，无人在真切地知晓何为正确、何为错误之后，而不依此而为。因为热情会令我们的行为与简单明确的判断保持同一步调，而与飘忽迷离、疑窦丛生的观点相背离。与其相反，亚里士多德认为，任何一种企图影响他人的观点都无法动摇其根深蒂固的习性。高尚的品德来自于行动而非学问。

3. 斯多葛派学说创始人芝诺认为，天然的秉性指引动物以自爱之心关照自己。此种天性不仅使它维持生命，而且也会在各种与之相连的构成仁爱德行的要素中寻求至高无上的情感境界并加以保持。

人的自我情感，包含了精神与物质的全部（倘若我能作如此表达），也包含了被心灵唤起的各种强大的能量和与之相配的功能。如此，人的纯然天性会告诉我们，与此类状态相适应的，并助其扩延的事物，都存在于我们易于发现的地方；而与之相悖的，或谓之非合理状态的事物，则将被智者所摒弃。因此，作为身体的客观存在，健康与舒适、灵活与适宜皆能促进我们对环境的亲近，而钱财、权势或是荣耀，以及他人给予我们的敬仰，都会被认为是适合我们理性情感得以存在的东西而被我们接受。

就相反的一面来讨论，疾病、灾难或是接踵而至的苦痛，且因此而加深的对外在状态的抗拒，诸如困顿的生活、荣耀的丧失，他人对我们的蔑视与不屑，都会极其自然地成为我们躲避远离的对象。

每一类事物中所体现的不同形式，作为一种选择更容易让我们取舍，很显然，在前一类中，健康与舒适较之灵活和适宜更让我们着迷；在后一类中，疫病、灾难和苦痛较之困顿的生活和被剥夺权利更需要我们去避免。

美德或天性在对相异事物的表现上都不同程度地显示出相宜的特性，继而将它作为易于选择的对象放诸于我们面前，这正如学院派人士所说，世界万物自有其生存之地，人们运用客观的判断和理性情感的力量对之做出去弊存利的取舍，以便对适宜的事物予以恰当的重视。这也一如学院派人士强调的那种观点，生活的缘起是依照秉性品德与自然界给予我们的依一定规则而形成的轨迹使然，就这一观点而论，芝诺与亚里士多德并不存在世人所知的那般遥远的距离。

人之本心所追求的，构筑家庭、友谊、国家、人类乃至宇宙万物的，是被称为幸福的情感。美德告诉我们，一个人的幸福远没有两个人或是多数人的幸福来得紧要，正因为如此，无比重要的并非独自的满足，而应寻求被更多人所看重的全体的幸福。

这世界上所发生的诸多事情，皆有明达、正义、圆通而博爱的万灵之神监督并安妥，于是我们可以相信，一些必然的发生皆有其必然之缘由。因此，当贫困、伤痛、疾患或其他使我们体验不幸的事物侵袭我们的身心时，我们所要做的是尽所能在理性的正义与合宜的职责范围内，从痛苦徘徊的境地中将自己解脱出来。不过，在竭尽所能之后，倘若境况依旧没有发生改变，我们就应当坦然接受万灵之神创立的宇宙的完美秩序并将旧况持续下去。而且，可以忽略不计的个体的幸福较之全体的幸福，在我们看来，显然微不足道。

由上述而言，假使在天然性情与理性情感之间保持合宜性，那么不管遭遇何种令人生厌的境地，都应当成为我们所满意的人生状态。假使在此过程中幸运地遇上解脱之法，那么将这一机会转成现实便是唯一之途。宇宙的秩序不再要求我们在逆境中多做停留，为此，它已经为我们指明了走出逆境的方向。前述所提及的家庭、国家，倘若遭遇逆境，所持态度亦为如此。在不与理性职责相冲突的前提下，我们能够帮助他们制止各类不幸事件的蔓延，此为行为的合宜性给予我们的充分依托。然而还需着重指出，如果我们的行为不能制止不幸的蔓延，我们就应当将这种不幸视作合理的最为幸运之事。它有助于全体幸福秩序的稳固，这是所有关于美德的论述中，我们最应看重的一面。因为个体的幸福依于整体而显现，故此，整体的幸福是我们追寻的唯一道德形式，而不仅仅只是作为一个原则为我们所遵循。

艾比克蒂德说：“在什么意义上，某类事情被视作我们天性的天然组成部分，另一些则被视作与之相背离的部分，就这种意义来说，亦即我们将自己视作独特的与诸事毫无关联、彼此分裂的个体来讨论。据此，保持洁净是脚的天然性情，然而，假若你不只是视其为一只脚，而是作为整个的身体的重要部分，那么它就极有可能去亲近污泥，甚至与荆棘为伴，有时因整体需要而应当被割除。倘若不施以这般举动，它即失去‘脚’的属性。我们自身也应做如此考量。你是一个人，假使你视自己为与世界毫无瓜葛、单体独立的东西，那么，令你与天然性情达成一致的便是长寿、财富与健康。假如你将自己视做一个人，是这一整体的部分存在，那么，出于为整体的缘故，有时你必当生病，有时必当经受航海的困境，有时必当品尝贫乏滋味，有时必当在天年未尽之前离世。既知此，你又何来抱怨？你若因一己之身而抱怨，犹如脚已非一只脚，你也不再是一个人？”

明智的人从不抱怨命运。当他遭受不幸，也从不将此看作命运对他的戏弄。他用自己构成世界整体的纯然的天性来守护、看待自己，他领会到了精神性的情感——假如我能做这样的说明——将自身视作无限扩大的渺茫体系中微不足道的一颗微粒，从而依循这一体系的便利而欣然接受处置，对任何一种命运的眷顾都持同等的姿态，并心平气和地接受。倘若他明晰宇宙万物间那些关系与依赖的存在，那便是他所希望得到的命运。

假如命运令他活，他便甘心情愿地活下去；命运令他死，他也便会欣然走向死亡。宇宙万物已必要使他与这世界保持一致。某一智者——在这一方面他的学说同斯多葛派学说相类似——曾说："富贵、贫穷、快乐抑或苦难——无论何种形式的命运亲近于我，我只高兴地接受，满意地面对，一切皆同。假使它发生，我并不希望它在某些方面有所改变，命运之外并无再多馈赠。我所得到的即是令我愉快接受的，不管处境是否如愿。"艾比克蒂德说："如果我扬帆远行，我必将与最好的船只与最好的舵手为伴，等待与我的处境及职责相适应的最好天气。谨慎与适宜——这些神为了指导我的行为而给予我的原则——要求我这样做。命运关照我遵循它们的指引，并没给我太多的强求。假如遭遇暴风，最好的船只与最好的舵手都束手无策，我也将无所畏惧，不因后果的严重而自寻烦恼。我们是葬身鱼腹还是平安抵港，命运的指引早已为我们安排妥当。我并不考虑他是用何种方法来决定我们的悲伤与安定，我只怀着泰然之心去接受任何降至眼前的结果。"

斯多葛派哲人，笃信于与仁爱的本性相适宜的对宇宙万物都给予关爱的秩序，并遵循在此种秩序之上构建的完美的道德品质，所以，他自然地对周遭的事件表现出无关紧要的姿态，他所关切的是幸福的全部意义，在于考察伟大的宇宙体系之内的幸福，在于对组成众神之灵与人类心性这一高尚体系的沉思，在于在这一伟大的富有组织性、具有良好管理秩序的体系当中，去处理任何一件渺小微薄的事务。相宜与否在此过程中对其而言，或许关系重大，至于成功抑或失败，却无过多牵绊。那些缘由并不能决定他的喜乐与悲苦，亦不能使其产生欣然与厌憎地性绪。假若他钟情于某事而厌憎于另一些事，假若他倾向于某一境界，而抛弃另一境界，这并非是在他看来，前者在各方面都比后者来得出色，亦非认为自身所处的幸福情境会比不幸的情境拥有更完美的幸福。起引导的是行为的适宜。如前所述，这是命运所给予的礼物。

我们的全部理性情感，因此被吸纳于两种各具品质的情感中，即在一切理性的观念中思索富有情感体验的幸福。他无限地信任宇宙众神赐予的伟大智慧与力量，令他唯一忧虑的是，如何不停地丰富这种智慧与力量。他在考思考何种方式更具备适当的特征。不过，我们看到，他始终对智慧和力量显示出的情感意志保持令人惊喜的信任——不管最终结局如何——宇宙万物都以此来缩进与自身意愿的距离，并将此视为其最终的目的。

虽然我们早已指出合适性在选择中的作用，并阐述了这种作用对事物的影响。然而当我们对此种理解更具透彻的观察能力，那么，我们在合适性中体认的秩序、风度与品德，加之在言行中所体悟到的幸福，必当比获取另一种事物更具价值。对这种合适性的重视正是与人类天然性情相符合的幸福与荣耀的基点。

不过，对于一个智者而言，对于一个将各种热情控制在自己天性中的人而言，对合适性的精确遵循，在任何场合都是容易的。在顺境中，他会感谢丘比特让他置身于这一不费太多遐思，并无过多引诱的极易掌控的情境中，此番情境使其坚守正义而不入歧途；倘若身处逆境，他依然会对丘必特将其投身于这场激烈的比赛致以谢意。虽然对手强大，竞争激烈，但所能享受到的荣誉也是巨大的。重要的是，胜利因我们的理性而得以确认。假使不幸的遭遇或突然的困境因相宜的言行而降临到我们身上，我们也不会因此而感到羞耻。因而不幸绝不会亲近己身，而永恒的幸福则会相伴左右。

勇敢的人，在他面对并非由自己的莽撞所致，而是命运之手将其拽入其中的那些险境时，他不因胆怯而恐惧，反因惊喜而愉悦。险境给予他的是修炼胆魄、培养大无畏精神的良机，是他无限喜悦的源泉。这种喜悦来自自我的合宜与赞佩的获取。一个能经受各种考验的人不会逃避宇宙之力以最严厉的方式对其胆魄与力量的测试。同理，对自身情感的把控游刃有余的人，也不会拒绝宇宙之力将其放诸于相适合的任何情境。无限智慧的自然之力给予他克服乃至超越各种情境的美好品德。倘若得意之心陡升，他便用自我克制去约束；如果苦难袭身，他便用坚忍去承受；假如与死亡对视，他便用宽容果敢去藐视。他不会因为世事的多变而无所把持，抑或在茫然失措中失却对理性情感适宜性的维持，依他的观点，理性情感的适宜性与荣耀和幸福相一致。

很显然，斯多葛学派的学者将人生视作需以绝妙技巧为依托的游戏。不过，在其内部隐藏着与机巧及运气相类似的成分。就游戏而言，比之数量巨大的赌注，玩得富有情趣、玩得合理才是全部愉悦感的源泉。不过，由于偶然的失误导致聪慧的参与者一败涂地，这应当被看作其在享乐游戏而并非是苦痛的根源。他未曾有过错误的行为，未曾做过让自己蒙羞的事情，他享受着游戏所能给予的全部而又彻底的妙趣。而另一种愚笨之人，一步错，步步皆错，却因偶然的因素而获得最后的胜利，他赢取的并非是持久的享乐，而是无足称道的片刻满足。只要他念及曾犯下的过错，便会感到羞愧无地。由于对游戏规则所知甚少或一无所知，担心、疑虑或是不解这些令人无法产生愉悦之情的糟糕感受几乎伴随游戏的始终。当他意识到自己走错一步棋后，强烈的懊恼将使他的身体被极度的不快所填充。

人生及随之而来的种种益处，在一些智者看来，不过是渺小的、无人理会的两便士的赌注。我们所应关切的是游戏形式的正当，而不是时刻惦记那微不足道的两便士的赌注。假使我们将渴求的幸福寄托在赢得这两便士的赌注上，我们其实就是将幸福的获取寄托在了万分之一的偶然性上。这必然使我们承受不应当的烦恼与愁闷，且时常令我们感到无法掩饰的失望和摆脱不掉的难堪。假使我们将自身的幸福与游戏的乐趣、游戏所需的聪慧、游戏的技巧相联系，并于行为的合宜性上加以全然的寄托，也即将自己的幸福寄托于恰当的考验、合理的教育及应有的专注，并有能力支配这一合宜性的事物之上，我们的幸福才属于应得之份，与外界影响无涉。假若与我们相连的合宜性超出了我们所能支配的范围，同时也超出我们予以关注的范围，其结果必当是我们对于行为本身产生的结果会有过多的担忧与焦虑，亦会由此徒增伤愁。

斯多葛学派的学者们说，依据情况不同所做的有关合宜性的分类，是造成我们生活方便与否的重要参照。倘若有些事物能加深愉悦我们的纯然性情，并使之超出不快带来的恶劣影响，此便是生活作为选择对象所具备的合宜性。此合宜性使得我们的生活能够持续下去。从另一方面来讨论，对于逆境不能做出相应的改变，在这种情境下，纯然的天性所得以加深的无疑是多于愉悦的不快感。生活便从选择对象成为抛弃对象，我们不仅有权做出这样的取舍，也因合宜性的召唤及宇宙万物引导下的自然法则，使得我们需要做出这样的取舍。

艾比克蒂德说："尼科波利斯不允许我居住，我便不居住，雅典不允许我住，我便离开雅典，罗马不允许我住，我便不住。依指示我应栖身于狭小阴冷且怪石嶙峋的杰尔岛，我就住在那儿。但我会在那布满云雾的小岛上寻找一处能让我彻底安身的屋子。我不会离开那里，我的房门大敞着，向所有的世人开放。除了衣物和我的躯体，没有一个活着的人能够有凌驾于我之上的权力。"斯多葛学派的学者们说，假使你的情境看上去是整体的不快，假使你的屋子被云雾笼罩而令你烦忧，那么走出来必当是你不二的选择。但你从屋子出来时，不要心怀怨恨，满腹牢骚，要以欣喜的、自得的、惬意的姿态走出来，并且对众神报以由衷谢意。出于对你富于创造性的生命的眷顾，众神才将你安置于远离恐惧与死亡的平和安详的这块岛屿，随时让你在这片土地上接纳逃离暴风侵袭的人们。感谢众神赐予了圣洁、不可侵犯、令人心安的避风港。它从未有关上大门的时候，我们随时可以与之亲近。它将合理的情境中所显现的暴虐与疯狂排除在意识之外。它的伟大足以接纳世间一切愿意来此的人们。生活的所有借口在这里绝无存身之地，当你驻足于此，甚至会消除对借口的依赖。

在斯多葛学派的学者流传下来的有关哲学的片段中，生命被认为可以在轻松甚至愉悦的情境下得以抛弃。在我们看来，那些遥远的智者可能是以此让我们相信并遵照他们的意识去想象生命。艾比克蒂德说："当你同这样的人共进晚餐时，你为他喋喋不休的讲述发生在迈西恩战争中的故事而深感无奈时，他还会在讲完如何占领某处战略要地之后，向你述说在另一处如何陷入包围的故事。如果你再也无意忍受他的冗长与啰唆，你就不该去和他享受原本惬意欢快的晚餐。如果你已经身处其中，就应当忍受而无须去寻觅借口抱怨对方给你带来的烦恼。此类境况与你在生活中遭遇的不幸毫无差别。无须抱怨以你的力量本可避免的事情。”

看上去，虽然他的说法显得轻松有趣，甚至带有某种戏谑，不过，在智者看来，对生命的抛弃或保持，是需要以肃然之态及审慎之心去思量的事情。在提供给我们适宜生活的众神明白清晰地令我们远离乃至抛弃理性生命之前，我们不应有其他所想。但是我们不应仅在生命终结之际，才对此种召唤做出回应。无论何时，掌控万物的力量都已然将我们的生活幻化成整体的合宜性继而抛弃而非选择，我们的合宜行为得以被规范于它令人景仰的规则中。在此，我们聆听到众神明了清楚、肃穆而又慈祥的召唤之声。

正因上述缘由，在斯多葛学派的学者看来，对生活的远离是幸福之举，但这或许源于他的本分；而对一个意志薄弱的人来说，与生活亲近，虽然必遭不幸，但这或许也源于他的本分。假使，身处智者的情境，纯然不适宜的现象多于纯然适宜的现象，那么，他所处的情境便是与之不相宜的情境。为了指引他适宜的行为，众神赐予相应的规则，使其如同在特定的情境中所能完成的那样快速地远离生命。在他看来，即便是继续亲近生命也是适宜的，远离生命对他亦为幸福的一种。他并未将自身的幸福寄托于适宜的对象抑或远离不适宜的情境，而是寄托于具有合宜性的取舍之间。而弱者，纯然适宜的现象多于纯然不适宜的现象，那么，他所处的情境便是与之相宜的情境，与生命亲近就是他的本分。然而，他终究是不幸的，因为他迷茫于那些存在的现实。如果他有一副好牌在手，他也不知道如何利用好这副牌。这也注定，无论以怎样的方式呈现结果，适宜、充分的满足也不会属于他。

坦然地面对死亡，在比古代其他哲人更具坚定信仰的斯多葛学派的学者看来，显示出无与伦比的合宜性。不过，这种合宜性显然是各个时代哲人一致的观点。在古典时代各哲学门派的奠基者享有盛誉的时期；在伯罗奔尼撒战争期间及战后许多年里，希腊各城邦几乎始终处于激烈的派别冲突当中。对外，则陷入残酷血腥的战争泥沼当中。这些城邦所要的不仅是占领或统治他国，而是灭亡他国。即便心存有限的良善，也同样以残酷之法将其驱使于绝境，剥夺他们的意志，贬为低贱的奴隶，如同牲口那样驱使他人。那些城邦虽为国家却大多很小，所以时常陷入不幸的情境中。在这种混乱无序的情态中，即便是身家清白、地位崇高、担任重要官职的人也无法彻底保全他人的生命。即便是他所热爱的亲人、朋友、同胞，也终有因不同意志而产生的激烈斗争被处以最为严厉的惩罚。或者他在战争中被俘，假如他所处的城邦被攻占，更大的羞辱、更深的伤害便会确定无疑地降临在他身上。

但是，每一个人早已通过各自的联想得以熟悉那种成为不幸或是灾难的场景。海员会想到风暴侵袭、船只损坏、葬身海底，及他在那种情境下所能生发的非理性感受。同样，古希腊的英雄也会因联想而熟悉各种形式的不幸或是灾难。可以这样说，他时刻不处于动荡的场景中。正如落入敌手的美洲土著，在此之前早已为自己吟唱过了丧歌。当古希腊的英雄遭遇流放，遭受折磨，甚或被送至断头台，在这种种不幸降临到他的身上之前，他也早已为自己会采取怎样的行动，产生怎样的感受做过了一番审慎的思考。但是，各派的哲人将美好的品性，诸如智慧、正直、坚定以及自制，看作是通向幸福的明途，亦将这美好的品性看作必当与幸福相会的手段。不过，这种品性并不能消除，甚至还会累加其各种不幸的程度。因此，人们试图证明，所获的幸福同命运或者完全无关，或者相当程度上与之无关。持前一认知的是斯多葛学派的学者们，持后一认知的是学院派人士和逍遥派人士。对人们在各个领域取得成功起决定性作用的是那些高尚而无瑕的行为，即便在某一情境下会遭受困顿，也会得到适时的慰藉。被美德亲近的人了解因懂得自我欣赏而得到快乐，不管事物多么糟糕，他依旧会感到一丝平静安详。那些与理性情感保持一致的人们，对他也会加以褒扬，加深原本就以存在的希望，并以此安慰自己。

与此同时，这些哲人试图证明，相较于普遍的想象，对于接踵而至的最为深刻的不幸，人们更有忍受的力量。在被艰难的生活所压迫、被偏执的舆论所指责，或在耳聋目浊之时、人近残烛之际，他依然依靠这种慰藉得以平静。即便痛苦加剧，折磨加深，抑或疾病倾身，悲伤得不能自已，亦有助于其内心坚强意志的生成。哲人们就此而作的论述传于现在的片段，可视作最具裨益、富有情趣的古代文化遗产，与充斥着失望悲观情绪的当代理论有着质的区别。

然而，当这些古代哲人以弥尔顿所说令人叹为观止的强悍的耐心对这一需要谨慎考量的事情加以论述时，他们也尽自身最大的能力使自己的追随者相信，死亡不可能带给我们罪恶；倘若他们不能长久地忍受艰难处境的情境带来的难堪时，破解之道就在身边，大门开着，尽可以平和安然地跨出你的脚步。在此一世界之外——哲人们说，假如没有彼一世界，一旦远离生命，不幸便不复存在。倘若，在此一世界之外存有彼一世界，那么宇宙万物之神必当存于那端。公正严明之人，不会因神的眷顾而心神不宁。总的说来，古希腊的英雄们会在恰当的时候吟唱那些哲人为之准备的灵魂之歌。在这些哲学门派中，显然唯有斯多葛学派为之准备的灵魂之歌，是最为激越和令人振奋的。

不过，在希腊人当中以自杀方式远离生命的现象并不多见。此刻，除了克莱奥梅尼，我想不起来，还有哪个希腊英雄是通过自杀方式来告别生命的。阿里斯托梅尼与埃阿斯的死亡都发生在确实可信的历史之前，虽然人们所熟知的地米斯托克利之死发生在可信的历史时期，但因过多的情调而渲染上了美妙迷幻的特性。在所有被记录生平的那些与古希腊英雄相关的史诗中，人们知晓的似乎唯有克莱奥梅尼以自我了断来结束生命。塞拉门尼斯、苏格拉底和福基翁秉持令人敬佩的决断与勇敢，即使他人以错误的结论判决他们死刑，也依照理性情感的指引，安然接受此一命运，他们听任倒戈的兵士将自己交与敌人，不图反抗，而静待饿死；任凭丢入地牢，安享死亡。确如有关记载一样，一些哲人选择了自我了断，但这些记载凌乱而又笨拙，使人难以对其准确性投以赞同的目光。有三种不同的记载说明了芝诺之死。其一是，在与自然万物和谐共荣98载之后，有一次当他走出学校时突然跌倒，他没有受到严重的伤害，除了一个手指骨折，也许是脱臼。他极其愤怒地以手捶打地面，并以欧里庇特斯笔下的喜剧人物的口气说道："我来了，为什么你还叫我?"随即返回家中，上吊离世。普通的人会作如此想：年已耄耋，应有更多足够的耐心。其二是，在同一年龄，亦同为偶发事件，这位老人绝食而逝。其三是，他在72岁那年以平和之心去与统御万物的神灵相会。第三种记载是最令人信服的一种，而且也被同时代的某一伟大人物认可，这一伟大人物必当有充分的证据证明这一事实，他就是珀修乌斯，曾为奴隶，后与芝诺交往密切。第一种记载来自泰尔的阿波罗尼奥斯，他与声名显赫的恺撒为同一时代的人，在芝诺死后的三百多年间享有崇高的荣耀。有关第二种记载的来源，我不清楚。

对于那些饱学之士，人们会比谈论权高位重的统治者更多地谈论他们。不过，在他们理性情感得以存在的当日，却不被他人所关注。因此，有关这些人的奇妙履历很少被同时代的学者确切记录。出于满足大众窥探心理的考虑，同时，也因缺少确凿可信的文件支持或反对他们的论述，以致后世的历史学家往往依照自己的臆断来摹刻那些过去的饱学之士，并且总是不可避免地夹带一些令人称奇的经历。对于芝诺那些奇迹般的经历，虽未得到更进一步的确证，但似乎比之得到最可靠确认的事件更让人感到可信。显然，对于阿波罗尼奥斯的记述，更多的人表示了他们的赞同。

较之于我们上述讨论的，很显然，自杀的风气在骄傲的罗马人中间比在活跃的、机灵的、应变力强的希腊人中间更为盛行，虽然在被称为古典时期的标榜品德的时代尚未形成这一风气。雷古卢斯之死通常被认为与传说无异，但人们推测，其真实性也应予以适当考量。依我而言，在古典时代后期，羞耻与顺从相一致。在各城邦衰败之前，由于四起的内部争战，各敌对派系的伟大人物多选择自我了断而非被囚于敌营。被西塞罗褒扬而被恺撒责难的加图的死亡，可能已成为这两个令人瞩目的最伟大的权威人物之间极为重要的论争，自杀因而被烙印上一种被称之为荣光的痕迹。此种离世之法其后延绵而影响了几个世纪。西塞罗因论争的合宜而得以取胜于恺撒，褒扬也因而脱离于责难的束缚。之后几个世纪的理性情感的拥有者将加图视为因敬重而崇仰的古典时代的先驱。里茨主教由此评论，一个团体的领导者可以为他所为，只要与友人的信赖保持相互一致，错误与罪过便不会近身。加图持有的高贵地位令自己在诸多场合有机会领会这条警言的实际效用。除了一些理性的美德外，加图嗜好饮酒，因此被嫉妒他的人指责为酒囊饭袋。不过，依塞内加所言，对酒精的特殊嗜好——无论加图是如何对此热衷，反对他的人都会发现，比之其他恶行，这一行为更容易也更应该被冠以品德的美好名声。

在君主时代，这种与世挥别的方式流行过很长时间。我们曾在普林尼的书信中见到过这样的记载，选择这种死法的人，多出于对浮华的过度追求，而并非出自纯然动机。这种动机在追求相宜性的智者眼中符合某种一致性。即便是与这种行为毫无瓜葛的女性，也经常选择这种离世之法。譬如，孟加拉的女性在她们的丈夫进入彼端世界后也会紧随其后。因此类风气的盛行而导致的死亡在无须当事人现身的情况下屡屡发生。

起某种引导作用的，与自杀这一行为相关联的准则被热衷哲学的智者视作与正面的认同相和谐的原则，这似乎完全是在哲学上的某种发挥。必须承认，一类低郁的情绪会给我们带来即使消泯自身也无法抗拒的对自杀的喜好。就我们所能见到的表象而言，诸多情境处于理性的幸福中，并且尽管当事者神情严肃，给人以静穆的宗教感，与你所知的一样，仍有人将这种姿态与不幸之人相对接。以这种悲剧性的方式选择离世之法的不幸者并不属于指责的对象，而是关怀的对象。

这些人不应得到人间的一切惩罚时却惩罚他们，这同不义一样荒谬。

惩罚只能落在他们幸存在人间的朋友们和亲戚们身上。这些亲朋以无罪而存在。对不幸之人来说，他们的亲朋所遇最大的灾难便是凄凉而又灰暗地死去。与完善而美好相呼应的纯然心性，促使我们在所有场景中避免此种不幸，在所有场景中维护自己并对不幸予以打击。虽然在自我维护中难免遭遇险境，乃至出现生命的危难。但是，当我们不能完全避免不幸的到来，也没有因对自身的维护而远离生命时，理性情感所依托的准则，所联想的那个关注我们的他者给予我们的赞同与关切，乃至对我们内心举动的关切，似乎都在召唤我们以自我消泯的方式去避免不幸的降临。但是正因我们意志中薄弱一面的作祟，我们难以用适宜的胆魄去面对及忍受灾难的降临，以致难以下定自杀的决心。

一个美洲土著，我已忘了从哪里听说的，在落入敌人手中之前就已杀身成仁，以此避免在他认为是最大侮辱的敌人的嘲笑或是折磨中痛苦地死去。他将自己以勇敢之心忍受残暴之力，并以比之更甚的轻蔑与嘲笑来回应对敌人加诸在他身上的那些羞辱的行为视为对自己最高尚的酬答。

不过，对生死的不屑，对神赐予我们的命运的服从，满足于理性生活中出现的每一件事情可看作建立具有完整体系的道德学说的两大基础。肆意妄为却又情绪激昂，常以刻薄态度对人的爱比克泰德，可以视作前述学说的缔造者；而温和纯良，富有人情味又具慈爱特性的安东尼努斯，是后述学说的当然缔造者。

作为解除奴隶身份的厄帕法雷狄托斯，于年轻时曾遭受性情暴虐的主人的羞辱，在垂老之际，因他人的猜忌与自身情绪的反复，先后被逐出罗马和雅典而居于尼科波利斯，且不管什么时候都会被暴烈的君王处以极刑，轻者也需发配至杰尔岛。他以对自然万物最大的轻蔑之心才得以保存心灵之火始终燃烧。他的内心平静如水，他的言行坦荡平和。人生的悲欢喜乐在他看来都与自身无关联。

性情和善的、在世界上所有的文明之地拥有无上荣光的君王，因其地位的缘故当然没有理由埋怨所拥有的统御他人的权利。对万物的自然过程他会表示欣喜，进而会饶有兴趣地指出一般人通常会遗漏的美善之处。他指出，耄耋与年少，不同的情境存在着令人舒适的恰当的美妙之处。前者的龙钟老态与后者的意气风发，都是自然万物的本来面目。如同青年是童年的落脚地，成年是青年的落脚点，亡故（不管以何种方式）对雪发老者而言也是最为合宜的结局。在另一场所，他也如这般说道：“与医者嘱咐病患常去骑马、常去洗浴、常去散步一样，统御宇宙万物的众神令他人去罹患疾病，去损伤肢体，甚或失却后代亦为我们所认同。”在日常的规范中，我们因得病而接受医生的治疗，吞服味道苦涩的汤药，经受痛彻心扉的手术，不过，也正因为有再度复原的指望，病人才忍耐一切煎熬。因而，病患期待众神之光能以最耀眼的投射照亮有助自身健康与完美幸福的道路。他由此可能确信，对世界上所有生灵的福乐安康而言，对认同并施行丘比特高尚期盼而言，众神之光的照耀不仅有益，且须臾不可少。若非如此，主宰宇宙的众神便不会开出这等药方。这个全知全能的万物的统治者便不会任不幸持续下去。如同与宇宙间互相和谐而营构适当性事物出于相同情境一样，如同它们的互相支撑与关联，依托同一个完整的体系一样，所有我们所能注意到的事物，甚或依表象所示无任何内涵的相继涌来的事物，组成了大部分由于因果关系而相连的细节。没有起点亦无终点是这一关系的特征，因它们的存在是宇宙众神必当的关照，因此，对世象的兴盛昌明，它们是必然的存在，对自身得以延存亦是如此。不论万物落于其身而他并不诚然接受，不论诸事近身而他心感怅然，不论他多么渴望不幸远离自己，都渴求在整个万物运行规律得以保存的情况下，去组织万物本身的运行，去碎裂构成其运转主轴的那道铁链，都渴求为了方便自己，而去对外部的各种物体进行毁灭性的破坏。在其他场合，他曾说过：“对宇宙万灵而言是舒适恰当的，对我亦然。于你而言不合时宜的事情，一如对我来说不是太早便是太迟。阴阳转换所带来的变化对我而言皆为万物的灵动。我所做的便是唯你马首是瞻，投身于你给予的一切当中，为你而转动、而臣服。”

依据上述几乎完美的学说，斯多葛学派的学者认为，或者说是这一学派当中某一类学者试图表述出他们认可的所有怪异论断，这个学派的智者也依此竭力对宇宙万物的这一存在进行解读，且竭力以众神所赐予的那种视角去看待以各种形式表达的事物。但是，依循统御宇宙万物的众神所给予的秩序而依次呈现的事件，在我们看来无足轻重或是关系重大的事情，对统御万物的众神而言，犹如蒲柏绅士论述的那样，与孩子们吹出的肥皂泡突然之间破裂毫无区别。万物的毁灭亦为如此，从自然界得以呈现美丽状态的那刻起，他便是这一存在不可磨灭的组成部分，都是令人可敬，超越国界的慈爱仁善的结果。正因如此，对斯多葛学院派的学者而言，不同的事物皆有同样的面目。

的确，在事物的发展过程中，他们所能加以把控的是其中一部分事件。他们竭力赋予这部分事件以合宜的形式，并且以他所明确的目标向这些事件发出自己的召唤。然而，他并不对自己真诚的努力是否成功加以深刻的关注。他所竭力赋予合宜性的那部分事件，是令人满意抑或遭到停滞，对他来说完全无关紧要。那些事件——倘若皆由他来处置，显然，他必当选择一些而抛弃一些；不过，那些事件即使是一小部分，并非由他主导，因此比起自己，他更信任智者，倘若发生以下状况，随之产生的意满自得会越发显著：他所知晓的因果关系正是他所掌控的那部分事件所呈现的形态，他以真诚热切的态度去迎接这种形态的产生。在这种原则的指引下，他所做的所有事情，在以上原则框架之内都可视作完美的象征。对祖国的忠诚，或说为之献出生命，其价值与他翘起手指表示这根手指将要从事某件事情一样。这期间包含明确的信任和无尽的称赞。最大程度地使用自己的权势和轻描淡写地看淡这些权势，或是新世界的缔造和毁灭与肥皂泡的吹起和破裂，对统御宇宙万物的众神来说，都不过是举手之劳，同样是非凡智慧和仁慈的美妙结合。对智者而言，与无足轻重的言行相比，所谓高尚，并不需要我们给予更多的关注，两者同样轻而易举，且与同一合宜性相一致，并无出奇之处，更不应得到人们诚挚的赞誉。

幸福在于获取完美无瑕、仁爱慈善的人生境界，那些不足以与这种美德相亲近的人，无论其做出怎样的举动加以完善，都是远离幸福的不幸之人。斯多葛学派的学者指出，在水下一英寸的人与在水下一百码的人同样不能进行呼吸，因此，对个体的、局部的自私和非理性的情感不能有效克制的人、对个体膨胀的不能带来真实幸福的欲望穷追不舍的人、满足于一己之虚妄因而身陷深渊的无法逃脱的人，同那个远离这种深渊的人一样不能呼吸那种自由自在的空气，不能享受智者的那种安全和幸福。智者的言行与情感相合宜，故而形式与其质皆为完美，所以，与大彻大悟、尽善尽美毫无关联的人都不具备完美的品德，在斯多葛学派学者看来他们都有着相同的缺陷。这些人士指出，一类真理的伟大性与另一类真理并无差别，某类不当言辞的可耻程度与另一类充满诽谤言辞的可耻程度也并无异处。射击时偏离靶心一英寸同一百码都是说明没有击中靶心。因此，以非理性情感为依据而导致错误行为的发生，与依托这一非理性情感而导致重大事件的呈现，两者的错误性都是相同的。譬如，在不合宜的没有任何缘由的情况下将一只公鸡置于死地，与在不合宜的没有任何缘由的情况下将自己的父亲置于死地具有同样的令人不齿的巨大错误。

在这两个奇怪而又美妙的论断中，假如前一个被我们误读，那么后一个论断就显得荒唐无稽，并不值得对其详加考察。是的，它确为荒谬，对其是否存在某种形式的误读自然令人怀疑。至少他无法取得我的信任，然而，据说内心质朴但言语犀利的芝诺或克莱安西斯这样的人士，竟会是这些令人咋舌的论断的制造者。这些论断只能作为一般的悖论，而与具有智慧的理论体系毫无干涉，源于这个原因，对其的阐述我将不再继续。我看来，与其将这些论断归属在芝诺或克莱安西斯名下，不如归属于两者共同的追随者克里西波斯名下更具某种合适性。然而遍查流传至今的与他有关的文献，他不过是个具有奇特思维的空谈家，缺乏任何成系统的理论，甚至毫无有情趣的文采。有这样一种可能，他将他们理性的学说改头换面成让人食之无味弃之可惜的类似机械性的死板教条。这一行为不过是对存于理性情感之上的有关合宜性的美德的权宜维护，完全误解了他那两个充满智慧的导师对完美道德品行及其与之相关的幸福的生动阐释。

通常说来，斯多葛学派的学者对不具有完美品性的人同样具有令人尊敬的成就这一点不予反驳。依据这些或大或小的成就，斯多葛学派的学者将人们分成不同类型：他们不把一些有缺陷的德行称为正直的行为，而将其称为规矩、适当、正派和相称的行为，对这些行为可以加上一个似乎合理的或很可能合理的理性名称，西塞罗用拉丁文 officia 来表达，他的《论责任》一书对此有详细的论述。不过，宇宙众神赐予我们引导自身行为合宜的办法及其形式，与斯多葛学派的学者的论断似乎有着截然不同的意义。在众神看来，与我们切身关联的由自身掌控的对我们自己、对身边的亲朋甚或国家产生影响的那一部分事件，被我们投以最大的关注。它使我们得以激发欲望，产生被恐惧与欢快包围的复杂情绪。倘若这些情绪超出了我们关注的范围，众神便会以它认为合宜的方式加以处理，这个时候，作为适宜性引导下的那个毫无私利、客观公正的他者就会适时地出现在我们面前，帮助我们约束复杂的情绪，令它们尽快回转到与理性情感相适应的道德品性之中。

即便我们竭尽全力，那些在我们掌控中的部分依然会引出不幸的源头，酿成无法挽回的灾难，此时宇宙众神必将与我们亲近，给予我们无限的慰藉而令我们心感温暖。这种仁慈的智慧指导着人世间的一切事件，由此我们可以相信，如果这些不幸对整体的利益是毫无紧要的话，这种仁慈的智慧就绝不会容忍这些不幸发生。

宇宙众神并没有强制我们将智慧的思维视作须臾不可少的生活内容，他不过是善意地提醒我们要将它视作消除不幸所必需的慰藉。而斯多葛学派的学者则将智慧的思维视作应当的生活内容，他们试图引导我们抛却存在于内心的祥和，抛却存在于内心的赋予合宜性的抉择，除此，没有任何事情会对我们炽热、诚恳而又迫切的情绪产生影响，这种影响与宇宙众神统御的自然万物毫无关联。斯多葛学派的学者希望通过他们的论述让我们的姿态得以平静甚或冷淡，让我们竭力克制事实上无法避免的个体性的被称作自私的非理性情感，即便对降临于我们自身的、亲朋的，甚或是国家的诸多不幸，也不能示之以同情，他们活着的目的是对于那些被赋予了合宜性的所有事情的成败保持远远的静观之态。

可以这么说，那些人士的论断足以使人们的理性情感混乱不堪，但是宇宙众神所赐予的世间因果不因他们而断裂。众神给予我们的与天然属性相合宜的欲念、希望及恐慌悲伤、喜悦，不依斯多葛学派的学者的论断有所增加或有所减少。依照这些情感给予我们的不同影响，每个人所体验的适宜与否必当有着不同的结果。不过，内在心灵的适宜与否却可能被外在的论断所左右，它以这些论断为依托，试图让我们对个体性的自私的非理性情感进行克制，使它们得以恢复到平静的状态。这是斯多葛学派的学者有关道德学说的重要依据。毫无疑问，这些人士对于追随自身的那些人的品德性情有着直接而深刻的影响。虽然他们的学说在某些状态下会促使他们以暴力行事，但激励他们以高尚荣光的慈爱善良为行动目标亦为他们所倡导。

在这些具有非凡创造性的有关道德品性极其适宜情感的论述之外，现代的道德体系也被我们所关注。在后者看来，美好的品德与合宜性相一致，或与理性情感相一致。正因合宜美德与理性情感的存在，我们才能据此对其特定对象采取行动。在克拉克博士的道德学说当中，美好的品德与事物及与之相关的行动相适宜，与我们合乎理性的情感相适宜，与一定事物或一定关系存在着必然的联系。在智者沃拉斯顿先生的学说当中，美好的品德与事物具备的真理及其所显现的本质相适宜，抑或与事物所具备的以真实本质统御虚假表象的特性相合宜。沙夫茨伯里爵士则相信，美好的品德与理性情感之间维系着微妙的相宜的平衡，与可掌控的理性情感的表现形式相平衡。不过，在对同一个现象进行描述时，这些美轮美奂的道德学说都不同程度存在着一些错误。

他们都没能指出，乃至没有自认为指出过对情感的合理与恰当进行明白无误的判定标准。在其他方面，我们也无从找寻这些标准的所在，而在那些具备诸多见识的观察者中，我们才能依稀见到那种一致的情感表达。除此之外，对道德学说的相关论述，即便是现在学识渊博的学者也不能以自己独到的见解对此做出适当的论述——就论述本身而言确实如此。美德存于合宜性当中，然而对美德加以正确论述的确困难重重。合宜性虽是每一具体德善的组成要素，但它并非全部。在我们熟知的仁善之外还存在着有待解读的另一种仁善。由此，对此类行为不仅应加以赞许，且应得到回报。在我看来，任何一种具备现代意识的道德学说，都没有完整地向我们道明该以何种姿态向仁爱慈善投以相当的尊敬，或表露我们应有的毫不做作的真实情感。对令人发指的犯罪行为，他们的解决显得更为混乱，这是因为犯罪行为包含着不合宜的成分，然而它并非是唯一的存在。显然，在各种温和安详抑或平凡的行为中，不合宜同样存在，或者甚至比在其他行为中更多地存在。在某些具有相同侵害性的包含着不合宜性的行为中，还隐藏着无法逃脱的责备。应受惩罚的行为，除了令人心生厌烦，这些可耻的行为也是人们宣泄不满情绪的对象。

·第二节·

美善品性与审慎相一致的那些体系

那些将美好的品德与理性的情感联系在一起，并试图让我们相信其合宜性的学说当中，伊壁鸠鲁学说是最为历史悠久的一种。不过根据某种说法，这种学说的主要原则是从比之更早的智者，尤其是从亚里斯提卜那里抄袭得来。尽管这种说法冠冕堂皇，但就其基本思想与阐释原则而言，则完全出于他自身的研究。

伊壁鸠鲁认为，使人产生无限憎恶感的第一对象是追求肉体的喜悦和苦痛，不需要再详加论述——那些感受是人们天然生成的欲望。在他看来，喜悦有时会让人不愿去接近，这与喜悦本身无关，而是由于倘若我们亲近了这一喜悦，更大的喜悦会远离我们，或者苦痛会不期而至。为了不与苦痛发生交汇，人们便会刻意躲闪一些喜悦。同样，人们接近苦痛并非乐意忍受这种体验，而是为了避免更大苦痛近身，而且苦痛能为人们带来更大的喜悦，因此，在伊壁鸠鲁的论述中，追求肉体的喜悦和苦痛是人们付之憎恶感的第一对象，他不仅为此进行了有力的说明，而且还认为，他们还是非理性情感的执着对象。假如它囊括了其他需要执着的对象，必定是因其被喜悦或是苦痛接近。喜悦的情感将使人们无限度地去追逐权势与财富，与之相反，苦痛的降临使得贫困低贱成为人们唾弃的对象。名誉受到人们最高的珍视，是由于人们给予我们的敬爱和理解促使我们心生愉悦而免于苦痛。相反，可耻的言行被我们所鄙夷厌恶，是由于人们给予我们的轻蔑与不屑使一切可能的安全感丧失，而且必定让最大程度的苦痛降临在我们身上。

依伊壁鸠鲁而言，唯有肉身才是心灵的喜悦和苦痛的源头。回想过往的肉身所得到的快乐，心灵便会感到舒畅，由此盼望更大的喜悦亲近；若回想过往的肉身所得到的痛苦，心灵便会感到悲伤，由此希望与可能到来的苦痛分清界限。虽然肉身是喜悦和苦痛之源，但是这些体验比原先存在于肉身的感受囊括的范围大得多。肉身只感应业已发生的和将要发生的体验，它以记忆和预感来感知这一存在，由此造成的结果，无论是喜悦抑或苦痛都比原先的肉身感受强烈得多。眼前的苦痛并非我们最大的恶敌，而不停地对过去的悲伤进行回忆才是苦痛的根本。倘若我们只就眼前的苦痛来说，几乎无足轻重。正因如此，肉身才能忍受外界所强加的烦恼与忧愁。与此相同，当无限的喜悦亲近于我们时，假如善于体会肉身所获取的滋味，不过是被喜悦包裹的微小的一部分，对往昔美好时光的回忆是这种喜悦，或者在将来可能获取的喜悦亦为如此。我们心灵的窗户总是给予我们明亮的景致以迎接喜悦，让我们尽可能多地体验它的存在。

正因为如此，由于心灵的每点感受均取决于喜悦和苦痛的分量，倘若我们纯然的那一部分天性位于合宜的一方，倘若我们所思、所想、所行均未曾受到影响，那么不管什么样的外力加于自身，都是无关痛痒的。

倘若占据我们头脑的是理性的智慧与明断的眼光，那么，即便苦痛不请自来，喜悦之情也不会因此而从心灵消退。喜悦之情得以存在，是由于业已有过的喜乐和对即将到来的快乐的期盼。回想曾经的喜乐是何种模样，这种工作能有效减轻苦痛所给予的沉重打击。因其仅是肉身上的滋味，是仅限于眼下的苦痛，其本身带给我们的创伤微乎其微。由于害怕苦痛反而致使更大的苦痛接踵而至，其原由皆因我们内心的恐惧。理性情感的运用能够使这种恐惧得以消泯，它友好地提示我们，倘若苦痛极大，那么所亲近的时间就可能极短，倘若时间超出了预期，那么这种苦痛可以被称作适度的感受，我们可以随时调节这一感受的程度。总之，死亡近在咫尺，且不会自动隐退。依伊壁鸠鲁所言，死亡是一切的体验，苦痛抑或喜悦的远去，都不是消泯罪恶的终点。倘若我们活着——他这样告诉我们——死亡就会远离，倘若死亡亲近，我们的肉身也会随之消失。因此，死亡是必然的结局。

假如眼前苦痛的程度并没有触及我们的全部，那么，眼前喜悦之感也无追求的价值。喜悦赋予的激情远比苦痛赋予的激情伤害少得多。因此，假如苦痛的滋味只能稍微影响喜悦给予我们的快乐体验，那么快乐的体验就无法给喜悦再增添任何有价值的事物。倘若肉身不受苦痛侵袭，心灵也不因此担惊受怕，所增加的喜悦之情便显得无关紧要，状况可能有所区别，但不能合理地将这种状况表述为一定情境中的幸福。

因此，伊壁鸠鲁认为，纯然天性的最佳状态，人所依存的灵魂的最佳体验，即幸福感的存在，依托于肉身所感应到的合宜与舒畅，依托于心灵所体察到的宁静安详。以此而去追求的最伟大的天性，是一切美德的不二选择。根据伊壁鸠鲁的说法，并非因本身具有的某类缘故，人们才对美好的品德心向往之，而是因为它是通往人性最伟大境界的唯一途径。

譬如谨慎，依据伊壁鸠鲁的学说，虽然它是美好品德的一切根源，但人们追求它并非因谨慎本身。勤勉、慎重的心理状态，亦即对一切言行的切实关注，使之成为感受喜悦带来的乐趣的恰当形态。它是促成最伟大的善行和消除最深刻的邪恶的倾向。

对喜悦的逃避，对天生享乐快感加以限制，即便是自制的表现，也无法成为追求其自身的缘由。美德的价值在于它的实际作用，在于舍下眼前的短暂快感而神往于将来可能获得的更大喜悦，在于避免因执着眼下的乐趣而忽略悄然近身的苦痛。言下之意，自制是与喜悦有关的谨慎方式之一。

能让我们坚忍的那些情境，譬如对苦痛的忍受，对危境的正视，实为人们不愿亲近的体验。之所以人们对此抱以喜乐，不过是为了避免更大的苦难。勤勉诚挚是为了远离穷困带来的无限耻辱，对危境的正视，也无非是为了对自己的财富加以刻意的保护，当然，也包括对业已取得的幸福的保护，甚或是对国家的保护。国家不受侵害，则我们平安无事。坚忍使得我们生发自觉的行动，做出在当下最适宜的最为恰当的行为。其实质不外乎对苦痛的合宜评价，对危局的理性判断，由此而避免此类不适宜的情境愈加剧烈。

有关正义的论述，也是如此。不占有他人之物，并非是因为人们追求这一行为本身。我对自己东西的占有欲与对他人东西的占有欲并无差别。因此，你不该对属于我的物品加以掠夺，倘若你这样做，将招致所有人的鄙夷与愤怒。你安详平和的心灵将会动荡不安。你一想及人们加诸于你的各种因不满而来的惩罚，且以你一人之力无从避免这一事情的发生，从而保护自己免遭苦痛，你就必当被恐惧和忧愁笼罩。有关另一种形式的正义，亦即依循与邻居、亲朋、上司和同辈的相处之道对他们施之相应的关怀与尊重，在这种合乎理性的关系中产生的行为，使我们得到相同的关怀与尊重。假如我们不应许这样的行为，必当让他们感受轻视与仇恨。前一类正义，使我们取得欲求中最大的渴望，即内心的舒适和祥和，而显然，危害这种舒适和祥和的必是后一类正义。正因如此，与正义相一致的美好品德，即包容一切善意的美德，与我们同周遭人相处时的慎重心理别无区分。

此即伊壁鸠鲁对美好品德及其心性的论述。令人费解的是，这个智者——一个和蔼可亲的人，却完全没有意识到，不管美德或是恶行在我们肉身上呈现何种形态，在他人身上所呈现的情绪的形态及其结果，必然是欲念与憎恨感的加强。我们肉身所能体会到的由和蔼可亲的性情、受人尊敬的品格、合宜恰当的行为导致的心灵上的安宁与和谐，是每个善良之人更为倚重的情感。相反，由灵魂黑暗、秉性不端、行为乖张导致我们遭受苦痛的折磨与玷污，其结果，是我们加剧对美好品德的渴求以及对恶劣行径的厌恶。除此不会有另一种选择。

毋庸置疑，伊壁鸠鲁的道德学说，与我一直在努力建立的学说全然不同。不过，必须直言的是，这类学说源于哪一方面我们一目了然，即源于对人类天性持有的认识。根据统御宇宙万物的众神那双富有创造性的双手，在所有合宜的场合，美好的品德与高尚的智慧相一致，是获取合宜的安全和适当的利益的最灵活性的手段。就此而言，自身事业的成败与我们对自己的看法的恰当与否息息相关，也与人们的支持或反对的立场相关。然而，获取前述的利益，不让消极的评价近身，最好的也最容易实施的办法，显然是让自己成为美德与智慧相通而非对立的合宜对象。“你想要得到优秀音乐家的所有赞誉吗”，苏格拉底这样说道，“那就首先成为一个优秀的音乐家”，同样，你想成为他人眼中如同政治家或军事家那样为国尽力之人，就必须先要获得治理国家的充分经验或战略头脑，并以此不断激励自己以达到人们的期许。

与此相同的还有，倘若你期望他人将你视作具备理性智慧、坚持真理，并以平正之心对待他人的人，那么显然，你必须先要成为那样的合宜对象，由此，你无须担心不会受到他人的关怀和敬重。正因倾向于美好的品德会给我们带来切实的益处，而倾向于恶行则危害我们诸多的利益，基于此，对这两种对立的姿态的深思，是对前者合宜性的最恰当表达，也为后者打下了与丑恶相连的烙印。因人类灵魂深处最本质的优点，如自制、宽容、良善所具备的高尚的智慧和最切身的慎重使人的纯然的心性得以声张而被人们所认同。同样，与之相对的恶行，如胆怯、畏惧及放任所体现出的各类毫无价值可言的卑劣性情使他人心生仇隙而遭遇非难。他只就合宜性的某一部分进行了细致深入的美德观察，就伊壁鸠鲁而言确为如此。这是那些秉持美德也想让他人亲近美德的人最容易产生同感的合宜性。假如，通过他的身体力行，或是他善意的提醒，人们得以确认美德与我们所具有的善良秉性毫无直接的联系，又如何能以指出他人不合理的情感而让他们亲近于天性的合宜？很多人正因恶行的蔓延最终让自己身败名裂。

伊壁鸠鲁通过相互表现为合宜性的所有美善强调了某种不理性的论调。然而，一类哲人对这样的美善特别热衷，以此标榜其聪慧与品德。毋庸置疑，在伊壁鸠鲁这位智者将纯然的天性与可耻的欲求都以喜悦和苦痛为归结点的同时，也陷入了其自我思想的泥潭中。这个对原子论加以肯定的人，即将自身的喜悦建立在从最显著的微小处发现人类所有能量来源的人，当他以上述提及的方法对人类因循的所有理性和非理性的情感加以论述时，喜悦也同样在其身上生根发芽。

这位智者的学说与柏拉图、亚里士多德和芝诺的学说在诸多方面相一致。譬如，美好品德的存在是以纯然天性对各类欲求的相适宜为行为基础。但其具有的独特性也令人关注，其主要表现为对各类欲求做以详尽的说明，另外还在于对美德固有的高洁品性及其这种品性的产生原因做以详尽的说明。伊壁鸠鲁着重论述的是，与纯然天性相一致的纯然欲求其直指的对象是肉身的喜悦和苦痛，除此无他。而依照其他哲人的观点，其所指对象还包括亲友的幸福与整个国家的全部荣誉等，这些情感的存在源于人们本身的需要。

被伊壁鸠鲁反复强调的是，为了获取美德之名而去追求美德是全无意义的，亦非满足人生欲求的唯一目标，他不过是能让人们消泯苦痛以及亲近于无限的喜悦才成为具有理性情感而受人关注的东西。与此相反，其他三位哲人认为，人们之所以乐于接近美好的品德，是与纯然天性的表现形式有着恰当的契合，更是与人们能从其中体验更为善良的情感息息相关。那些智者认为，人因言行而存在，所以，幸福感不仅存在于具体的喜乐之中，也存在于人们为达到这一喜乐而付出的积极努力之中。

·第三节·

美善品性与仁慈相一致的那些体系

那种将美德视为与慈善相一致的体系，尽管在我看来不如我所谈及的那些学说历史悠久，但其本身也极具历史意义。这种学说大概是奥古斯都时代以及其后的大部分哲学家的体系。那些哲人将自己命名为折中派，他们标榜自己的观点主要源自柏拉图和毕达哥拉斯，并以此认为自己是他们晚期学说的不二继承者。

根据这些哲人的观点，在统御宇宙的众神所具有的性情中，慈爱仁善是行为合宜性的唯一标准，并且对其他恰当理性的情感加以指导。众神运用智慧来寻找满足自身善良天性所必需的那些过程，以此以合宜的行为来实现这一目的。但是，慈爱仁善还是一种高尚的支配其他行为的品格。众神的行为所表现出的美德皆来自这种品格，人类的纯善及其他美德，都与众神的这一品格相类似，或存在于其中，因此，亦与众神的所有善良言行及其论述的有关仁慈的原则相一致。出于这一原则的引导，不难发现这确为令人肃然起敬、值得称赞的举动，即便是在众神的意识中，也可称为独特的优点。唯有将博爱的胸怀与仁慈的行为付之于自身，我们才能与众神相对，因而对众神的种种美德表达我们内心的无上崇仰和赞美，并且通过对适宜情感富有的神圣的理性原则的培植，使之成为我们行为的一部分而达到同上帝直接交谈和交流思想的地步，这就是这类哲人的观点想要唤醒我们去达到的主要目的。

这类学说，如同受到基督教会的那些神父的高度尊敬一样，在宗教改革以后，也成为令他们接受的与神学相提并论的理论体系。不过，这种理论体系的任何一个支持者，特别是拉尔夫·卡德沃思博士、亨利·莫尔博士、剑桥的约翰·史密斯先生，都无法忽视哈奇森博士对它极具观察力的研究。毫无疑问，这位博士是那种细致的、敏锐的、富有哲思与创造力的智者，他的远见卓识同样无与伦比，这尤为重要。被人们用各类行为方式所证明的美德与慈善相一致的这一观点，一如前述，慈善的合宜是关于理性情感最令人倍感舒畅和愉快的感情，明显的同情让我们对这类情感予以欢迎。它与善行相适宜，因此，它是理性的激情和回报的适宜对象。基于以上这些因素，占据我们纯然天性的主要位置，并高于其他品格的情感便是这类慈善。如前所言，与慈善相关的秉性于我们而言有着合宜的快感。而其他类型的品性则往往使我们倍感憎恨。狠心、私利与仇恨，这些谁又能心平气和地接受呢？但是，偏袒的热爱，包括友情，则常使人乐于亲近。唯有慈善这一情感，才能使我们得以释放心灵，并为之保留心性的美好，甚至在人类的本能中亦有慈善的特征令人感受亲切，它的存在使我们不断行善积德，而对是否会遭致责难和应得的赞许都不会去思索。而其他的一些情感却无这样的特征，它们遭人怨恨，被人抛弃，无法取得他人的欢喜。

正因为慈善的情感赋予与之相连的行为一种与其他情感截然不同的高尚的美德，所以，缺乏这类情感，常常使我们原本的与此相反的品性，哪怕是蛛丝马迹的不合宜的品德上的缺陷暴露无遗。缺乏品德的行为遭人唾弃，是由于此类行为显示出人们对周遭事物漠不关心的冷酷一面。在这些论述之外，哈奇森博士还曾谈到，出于慈善这一天性使然的行为中假如隐含着其他行为，我们对其固有妙处的描述，便会依着人们的理解将其视为影响慈善天性的某类不当行为。这就好比，如果一个被认为出自感激之心的行动，被人们发现其用意在于得到新的恩惠，或者，一个人热心公益，被人发现其用意在于取得巨额的报酬。那么很显然，它必将打破对美善行为大加赞赏的倾向。因此，掺杂各种杂念的行为，如同混有沙粒的黄金一样，削弱或完全消除了在没有任何杂质的侵扰下美德行为所包容的全部优点。哈奇森由此认为，美好的品德与纯粹无私且极具公益性的慈善相一致。

相反，倘若被人通常认为是卑劣自私的行为是源自被加以肯定的善良的行为时，那么显然会加深我们对于这些行为本身所具有的优点的认知。倘若我们相信，一个努力去增进自身幸福的人，心地纯净、不图私利，而一心以利他的行为处事，他势必会赢得我们更大的爱戴与尊敬。这种行为更加使以下的结论得以确定，即唯有慈善才能赋予美德以高尚荣光的特质。

除此哈奇森还曾想到，在怀疑论者就源于品德的相应行为的恰当性所进行的所有讨论中，究竟是什么能将美德所具有的纯粹的无私的秉性详细说明？他指出，在那些怀疑论者看来，唯一的标准就是这一行为是否符合公众的利益。由此论者认为，受人褒扬、值得称赞、富于价值的美德就在于促进整个人类得以享受幸福，任何与此相对的行为，因此被视作错误和不恰当的。在后来开始的有关无原则的依顺和抵制的合宜性的争辩中，唯一不能达成共识的看法是，在特殊利益受到侵害时，无原则的屈从是否会带来更大的灾难？总而言之，对人类亲近于幸福感有益的诸多行为是否在美德行为上同样有益？在他看来，这并不是重要问题。因此，慈善是唯一能赋予所有行为以美德的品性，所以，行为越具有慈善的意味，其行为本身越能得到人们的赞誉。

出于求取人类最大幸福感的那些行为，由于表现出比求取某一类团体的局部的幸福感的行为具有更大的慈善及合宜情感，因此，前者具有更多的美好品德。以所有人类的幸福感为终身的奋斗目标，是所有合宜情感和最大美德的表现形式，相反，以个体或极少数人的幸福感为目标，是一种不恰当的非理性的情感形式。

高尚的美德，存在于我们为增进更多人的利益而实施的某一行为的过程中，存在于我们为了追求人类更高的美善而放弃对底层的情感的追求做法中，存在于清醒地认识到自身的渺小，认为个体的幸福感是依托于大众的幸福感才得以实现的这一意识当中。无论从哪一角度审视，自我爱护都无法被认为是与美好的品德相关联的合宜情感，它与众人的利益相冲突继而成为被鄙夷的对象。除了关心自己的那部分所得，从不考虑他人的幸福，倘若并没造成恶劣的后果，那也只算是无关痛痒的性情，它当然不应受到人们的赞誉，但对它进行非难也并不明智。人们因慈善之心而做的那些行动，其根源虽来自关照自身利益的需要，但因此也更具有美好的一面。上述的行为表明慈善所具有的强烈的人性愿望与力量。

在哈奇森博士的观念中，他并不认为自我爱护是一种促进美德行为的方式，也不认为是对自我的欣赏，并由此获取喜悦之情的形式。他坚定地认为，那纯粹是一种自私自利的表现，以它所能起到的有限作用而言，慈善具有某种人性缺憾。唯有无私而又利他的合宜情感，才是人们所追求的美善的最高形式。但是，人们普遍的看法是，对自我的欣赏并对这种行为加以关注，远未成为在美德层面上加以讨论而被视作是削弱了美德高尚性的东西，更多时候它被认为是为了获取美德之名而产生的不带情感的行为。

这就是在哈奇森还算平和的学说中有关美善仁慈秉性的说明，这种学说通过将自我爱护论述为一种自利而不会受其影响的人带来任何可能的荣誉，在人们的心中培养和助长一切感情中最高尚的和最令人愉快的感情，从而不仅有助于对非正义的自我爱护掌控自如，而且在相当程度上消减了它的负面影响。

正如我前述中提及的有关其他智者的理论学说未能对慈善这一最高的品德标准进行充分解释进而引导出它从何处产生的那样，这一学说似乎存在着与之相反的弱点，那就是，它并没有充分解释人们对于自制、坚韧、坚持等这些较低阶的美善表现人们之所以对其认可的必然原因。各类被赋予合宜性的情感的动机与意图，或最终影响到的利弊的结构，是此类学说最为关注的核心。激起这类情感的因素是否合宜，或是否与其他情感形式相一致，则被尽数忽视。

在诸多场合中，对自我幸福及利益的追求和关心，通常被认为是值得肯定的行为规范。而自利排他的意图所归结的后果则被认为是养成了勤勉与善于思考的习惯。当然，这也被看作是一种值得肯定的行为规范，两者都应得到最大程度的称赞。事实确实如此，自利排他的情感意图，看似会对慈善的美好情感加以破坏，不过，这种情况的发生，并非源自自我爱护之心的过分膨胀而损害了追求美善的良好动机，而是产生于慈善的高尚品德在此情境下明显丧失了它应有的道德，并且同它对应的对象毫不相称。正因为如此，这种品德的弱点是显而易见的，是应被非难而非赞同的对象。在某种本来只是自爱之情就足以使我们去做的行动中，混有慈善追求的动机，的确不会那么容易对我们慈善行为的合宜性加以破坏，抑或对我们实施这一道德的行为所得到的恰当的感觉造成困扰。我们不对他人道德品质是否存在自私排他的特性加以怀疑，乃至质问，这绝非我们所能轻易把握的隐藏在人类天性中的那些不良品行。不过，倘若我们真的探究某人对周遭人事是否漠不关心，并以非恰当的方式去爱护自己的生命健康与家庭财富，并促其去完成应做的事，那无疑是品德缺陷，虽然这种缺陷看上去无伤大雅，但它已将一个人视作了可被怜悯的对象，并且这种缺陷也使得他的尊严和关乎美德的品质大打折扣。奢靡浪费，并对此无动于衷，这被一般人所鄙视，但这并非是慈善之心的缺失，而是对自己恰当利益缺乏应有的关注。

虽然一些极具辩论才能的人将此类行为是促进社会的公平还是导致其堕落看成是判断人类情感合理与否的重要标准，但并不能就此认定，促进社会的公平是行为唯一显示其道德美感的原因，只能说，在任何具有冲突性的情境中，行为本身应当努力寻求与其他品质相平衡。

慈善与仁爱可能是众神所依循的最重要的标准，而且，在众神的行为中，有若干已经被认同的行为帮助我们对其加以赞誉。很难想象，一个神通广大、对他人无所求的神明，他本身的幸福感完全出于自己的追求，不过，神明尚且如此，对于芸芸众生的我们这一平凡的生命来说，想要维系自己基本的生活，则很大程度上必须依靠外在力量的帮助，而且必须依循这一帮助的原则去引导我们的行动。假如影响我们与行为相关的情感，不与美善良德相一致，或无法获得他人的理解并加以赞许，显然，人们天性的依托对象，即外部的环境就会显得异常艰难。

那三种学说——美善良德与合宜性、审慎和慈爱仁义相一致的学说，是到目前为止关于美好品德及其表现形式最为恰当合宜的，也最为重要的理论说明。其他一切与之相关的论述，无论看上去种类如何繁多，都脱离不了上述所言及的理论学说范畴。

另一种学说——美好的品德与对神灵意志顺从相一致的学说，美好的品德与合宜的情感相一致的学说，皆可归入上述的理论范畴。倘若有人质疑：我们为何要顺从神灵的意志——如果我们只是就是否应当顺从神灵而提出这一疑问，显然是对神灵的大不敬。因此，只可有两种答案：其一，我们之所以顺从神灵的意志，是因为他具有最为伟大和无边的力量，倘若我们对他表示顺从，即可得享永久的关照，倘若以相反姿态对之，则只能得享永久的惩处。其二，暂且不论我们可能得到如何的幸福抑或如何的惩处，一个生命应当遵从于赐予他灵魂的缔造者，一个势单力薄、品行不完善的人，应当遵从于充满智慧和无限力量的神明，这两者之间必当有着亲密而又合宜的完美统一。除此之外，想象不出还能有何种回答能对应那个疑问。假如前一种答案是正确的，那么，美好的品德必当包含于审慎当中，抑或包含于人们对自身利益和幸福感到恰当的追求当中，原因在于，顺从神灵的意志是出于不情愿；倘若后一种答案是适当的，那么，美好的品德必当包含于一切的合宜性当中，原因在于，顺从伟大的力量是我们的义务，是保持人类情感的适宜与和谐必需的形式。

另一种学说——美好的品德与实际效果相一致的学说，美好的品德置于合宜性的学说——根据这一学说的理论，某一品德之所以受人赞赏，在于自己或他人因其而体验到喜悦或利于他人的品质，与此相反的全部品质则被人们视作暴虐与邪恶而遭唾弃。然而，任何一种情感是否恰当，在于人们希望这份情感持续到何种程度，若是受到来自不管哪一方面的阻碍，那它必是恰当而又有效的，倘若超出了一定界限，显然是有破坏性的。由此，依据这一学说，美好的品德与任何形式的情感没有必然关联，而与其是否恰当相联系。这一学说与我努力构造的学说之间的最显著区别是：它将效用的程度，而非他人的同情或以与之相应的态度来审视这一情感，并作为其是否恰当合宜的最为理所当然的根本标准。

·第四节·

卓然超越的那些学说

迄今为止，我所论述的那些学说都在试图证明，不论美好的道德与丑恶的罪行存在于何处，在它们之间必定存在着真正本质上的区分。在某类情境下的合宜与否之间、在仁爱慈善与其他言行及其准则之间、在真实的审慎与鼠目寸光的愚笨及莽撞之间，本质的区分显而易见。除此之外，总体而言，它们都积极鼓励可投以赞许目光的言行，并由此鄙夷对此进行破坏的恶行。

上述学说中可能确实存在想要打破各类情感形式间平衡的倾向，也可能确实存在使内心偏重于某种情境下的行为准则并使之更进一步的倾向。将美善与古时的那些道德学说相适应的体系，似乎主要在呼应那些有关高尚的和令人崇敬的自制的美好品德，所谓合宜恰当的行为就是在这样的美德中显露出来。相比较而言，古时的学说则对温和、亲切、令人舒畅的美德很少加以强调，相反，在斯多葛学派看来，那不过是一些缺点而已。这些人士认为，这些缺点对于具有理性思维的智者来说是无法容忍的。

另外的学说则强调仁爱慈善的一面。当它以最大程度的热情来培养并宣扬这些顺和美好的品德时，似乎对灵魂深处更应宣扬的那类注重和谐与尊重的美德予以忽视。这个学说甚至不将其视为美善之德，而只称作关于情感道德的某种能力，认为它们应该享有被认为同那类美德品质相同的敬重与赞赏——倘若有这种可能，它必将所有以个体为中心的益处、目的和行为方式看成是对道德更具破坏的东西。这种学说还认为，那些东西与优秀的品质毫无关系，当与秉持善良仁慈的理性情感相交汇时，必定会对后者的力量加以削弱。它甚至还断言，当审慎只和个体私利相一致时，那么与美德必然相差万里。

另一方面，即将美善之德认为与审慎相一致的学说，在它以最大程度将对谨慎、冷静的鼓励与自我克制相对应时，就某种意义而言，似乎也对基于上述论断的美善进行了贬损，并对后者的崇高与光荣加以彻底地否定。

即便有着这样明显的缺憾，上述三个学说的任何一个，都倾向于对人类最本源的高尚情操和品德进行鼓励与赞许，如果人类普遍地抑或少部分人宣称以其中某个学说为处世原则进而引导生活的规范，并对行为予以明确的指导——假如的确如此，那么这一学说便是对社会有利且可行的。我们可以通过这三者中的任何一个学说认识到那些价值与特点并存的东西。倘若用善良的规劝能使内心的坚毅和宽容的精神激发出来，那么古时学说中强调的恰当与舒适性就已经涵盖了这一形势，倘若我们用相同的方式能使人心变得善良，并能得以激发我们对周遭人事的仁爱与厚德的情感，那么那些关注于慈善仁爱的学说所显示的那些情景足以产生上述的效用。同样，虽然在三种学说中伊壁鸠鲁的体系可能是最不完善的一种，但我们依然能从他的学说中得悉慈善谦让的美德和让人钦佩的美德是怎样促进我们此刻的普遍利益，以使我们舒心、安康与宁静。伊壁鸠鲁将幸福置于对舒心安定的获取当中，因此，他试图以某种特殊的方式来论述，美德是无比高尚和无限荣光的情感品德和如何获取它的最有效方式。

我们心灵的平静与安宁来自美德的恩赐，亦是其他智慧人士所推崇的东西。伊壁鸠鲁对此投以同样的关注。这位智者曾经竭力宣传对我们现时的处境产生或平安或动荡的影响来自那些与温和的道德品质相一致的情感。因此，古时不同地域的智者与其学派才对他的学说予以研读。也正是从伊壁鸠鲁的学说当中，他平生最大的敌人西塞罗引用了被人们所一致称赞的论述——我们的幸福源于自身的美德。伊壁鸠鲁的另一敌对者塞内加更是比任何一个哲人都更多地对他的学说进行了引用。

但是，似乎还存在着一个试图对丑恶与善良之间的区别视而不见的学说，因而这一学说显示出其有害的倾向。我所指出的是孟德维尔博士的学说。很显然，这位学者在诸多方面暴露了其见解的错误性，但是，对人性中自然表现出的那类情感的观察则似乎在一定程度上有利于他的那些见解的传播。这些表现形式被他以看似粗鲁暴躁实则妙趣横生的口才近乎夸张地进行描述之后，铸就了他的学说在某种程度上的可信或说是部分真理。这种表面化极容易欺瞒那些心地善良的人。

在他看来，依据某种合宜性，或依据对某类方式赞许与否的态度而做出的行为，被视作对褒扬的爱好与肯定，当然，也可能被视作他所说的与虚荣心相关的行为。他认为，对自身幸福的确认和关怀势必要比对他人幸福的确认和关怀来得强烈，将他人的喜怒哀乐视作比自己的情感更为关注的对象这一事实并不存在。假如有人做此行为，人们便可认定那是在欺骗我们。我们也可就此认为，接下来他的行为必将依据满足私利为目的而行事。在这些自利的各类非理性的情绪中，最为明显的是虚荣心，因此，对人们给予的赞赏和夸赞，他会感到极大的满足和舒畅。当为了伙伴的益处而放弃自己的利益时，他很确定，这一行为的实施将最大程度满足伙伴的自我爱护之心。毫无疑问，伙伴们必当会给予自己无与伦比的赞美以此表达自己真挚的谢意。从这些行为中所获取的满足在他看来远要超出他为此而放弃的那些私利。由此可知，他的行为不过是自利排他意志的一种表现，与他在其他环境中表现的相同，皆出自利己的目的。然而，他本人对此深表满意，在他看来，自己的行为充满美德的光辉，是高尚德行的显现。倘若不这样想，无论是在自己还是他人看来，那种行为都不宜提倡。故此依据他的学说，一切利他的及其将他人的利益放诸于个人利益之上的行为，不过是欺诈世人情感的一种乖张的举动。因此，这种早已是夸张扭曲的所谓美善品德，这种被人们追逐模仿的美善品德，不过是虚荣与自满的衍生品。

对于最大方最具利他精神的行为是否与自尊自爱的品性相互冲突，我不想再做深入考察。依我之见，这一问题的探索对美善仁德本质的确认并无实际作用，因为自尊自爱之心往往会成为促进美善之德的行为动机。我只想说明的是，那种想做出正义行为的念头，那种想使自己成为受人尊敬的恰当情感的对象的念头，并非虚荣心使然，甚至对于对真正意义的名望与声誉的追求，那种想要得到他人对自己所具有的崇高品德投以赞许之意的想法，也并非是虚荣心在作祟。前者是对品性美善的追求，是人类心性中最崇高也最合宜的情感形式，后者是对于真实的声誉的追求，显然这是比前者的情感弱一些的情绪，与崇高程度而言也似乎与前者有较大区别。渴求自身那些并没有被赞誉亲近的，自己也对获取赞誉并无多大把握的那类情感品质，能获得他人的正视继而表示赞许。一些人想依靠华丽的服饰，或与平日毫无区别的轻浮言行来表露自己的情感品质，他们无疑是最具有虚荣心的一类人。渴求对真正品德的真实赞许，但对自己是否相配这样的赞许心知肚明的人，也必是最具虚荣心的一类人。那些对自己显然无法与之相配的赞许全然知晓的毫无建树的富家子弟，那些对自己实际上并不存在的令人瞩目的冒险活动大加喧嚷以显其伟大的谎言者，那些让人无法原谅的对他人作品肆无忌惮地染指的剽窃者，被人们恰当地评论为具有虚荣心这一非理性的情感形式。这类人对人们并未投向其身的赞许并不表示接受，他们更愿意得到人们此起彼伏、喧闹华丽的喝彩与赞美，对于无声无息的赞美之情则露出不满之意。为了能切身体验那种近在咫尺的赞许，他甚至会强硬地索取人们对他所能表示的全部认同。头衔、赞扬、受人关注、被人敬仰——在所有的情境中都尊享如此的荣誉。毫无理性可言的情感形式，是与前述两种情感形式截然不同的虚荣心的表现，是最为浅薄和低劣的情感。

然而，上述三种情感形式，也就是使自己与合宜的赞誉和尊敬相一致的念头，抑或使自己试图成为赞誉与尊敬相投契的那种人的念头，依据真正应尊享这类赞誉和尊敬的情感形式，去赢得那类正面褒奖的念头——至少是想要获取那些褒奖的那类念头——是大异其趣的。前两者虽被大多数人所认同，后一种则被多数人所鄙视，但是，它们之间显然存在着一些微妙的必然联系，这种联系被那个头脑机敏的学者以诙谐有趣的夸张形式进行表述后，多数的听众被他蒙蔽。当虚荣的情感与真正对荣誉的欲求这两种对应的品质都将关注点落在获得最完美的尊敬时，两者间的相似性便出现了。但是，两者间也存有不同之处：前者是理性、正义而具公平意义的合宜情感，后者则是破坏、荒谬及可笑的非合宜情感。希望以真正能得到他人赞许的品质赢得人们敬重的人，不过是对那类原本属于自己的东西进行渴望而已。相反，在任何情境下希望被赞许的人，是在对没有资格获取的东西进行渴望。前者极易获得满足之感，不会怀疑他人是否没有给予足够的尊重，后者则不会得到满足，他时刻在内心猜忌：我们并没有给予他充分的哪怕一点他所希望的尊重。他的内心始终在追求这样一种意识，他所得到的赞许远远没有达到他所希望的程度。对于基本仪态的最小程度的漠视，在他看来是不可原谅的羞辱，是一种极端蔑视的表现，对此他躁动不安，始终担心失去我们对他的尊重，因此，对所有可能获得的褒奖他都向往，唯有不断地获得人们的赞扬与肯定，才能使自己的情绪保持稳定。

在使自己成为应当得到尊敬和荣誉的人或是只想获得这一荣耀的念头之间，在对美善的追求和对真正荣耀的渴望之间也存在相似之处。这不仅与他想成为真正配享尊荣和渴求赞誉的那个对象的念头相一致，而且在以下方面也彼此相一致：对真正赞誉的追求与恰当合理的被称作虚荣心的那类品质，即与他人的情感形式相关联的品质。但是，即便是对心胸最为宽广的人，即便是因为对美善的尊崇而去渴求美善的人，即便是他人如何看待自己这一点毫不在意的人，也会对他人对自己持有的姿态抱以平和的心态。他欣然地想到，自己虽然可能与真正的赞赏毫无关联，然而，那些赞誉与自身仍保持友好关系，并以此认识到，假如我们以静怡、确切与合理之态去了解那些言行的详细情况，人们必当给予恰当的正面评价。他虽然对人们实际抱有的对他的看法不屑一顾，但他对人们施之于他的看法却非常重视。他或许会萌发这种想法，无论他人对自身的道德品德持怎样的姿态，自身应当具有那些被认可的情感形式。倘若将自己置于他人之上，对他人的看法漠不关心，而是考虑他人的看法应当是什么的话，他总是会获得有关自己的最高的评价。正因如此，在对美善品德的追求中，必将要纳入他人的意识与观点。虽然人们更为关注的是对于理性情感所具情感合宜性的考察，但是即便是在这一点上，对美善品德的追求和对真正荣誉的追求仍存有相似之处，然而，两者之间的巨大区别也显而易见。那种根据某类情感形式是否符合合宜的情感进而给予赞同、认可与褒奖的恰当性的对象与行为，始终依照人类天性中所能预想到的那种最为高尚也最为尊崇的那类目的行事。另外，假如一个人希望得到应得的那份赞许的同时，还迫不及待地对另一种肯定加以追求，那么即便他本身值得认可，但他所实施的行为则显示出人类天性的那些不可避免的弱点。他可能因为人们的不解或不仁感到委屈和羞耻，因对方的艳羡或愚昧。他自身的幸福有可能招致损害，与之相反，另一类人的幸福却得到保障，与命运的无端折磨无关，也跟与他相处的那些人的奇怪念头的影响无关。他认为，那些因人们的愚昧无知而产生的蔑视与仇怨，与自身无关。他并不为此感到屈辱。人们之所以对他持蔑视与仇怨之态是依据他的品德与行为，倘若人们能更充分地了解他，对他便会自然赋予敬重与崇信。更准确地说，人们蔑视与怨恨的对象并非是他，而是被误认是他的另一个人。在各类化装舞会中，人们与乔装成我们敌人的亲友相遇，假如我们因对方乔装成敌人而真的对他施以最为严厉的惩罚，他应感到欣然而非耻辱，一个真正心胸宽广的人在面对错误的责难时就应当是这样的情感形式。但是，在人的纯然天性中很难存有如此高尚的情操，除了意志不坚定和性情最卑劣的那类人，人类当中没有谁会对绝不存在的荣誉感到欣然，但令人费解的是，绝不存在的羞辱却经常会令那些原本以为性情刚毅且坚定的人感到羞辱。

孟德维尔博士对于将虚荣心这种低俗的情感方式看成是被公认的有关美善德行的源头并不认同。他从其他方面极力指出人类天性中美德的不完美性。他指出，在所有环境中，美善品德从未达到它应达到的那种与私立全然无关的境地，它不是对我们的非理性情感加以约束，而是毫无顾忌地放纵我们这一情感。倘若对于喜乐之情没有给予应有的控制，他就将此视作最为严重的淫邪与放荡。他认为，所有事物都已超出其自身所应具有的正常界限，因此，在穿一件衬衫或住一座住宅时也存在着丑恶。在他看来，对男女结合这一合法的性交行为地肆意纵容，也是以最具破坏性的方式对这种非理性合宜的情感方式加以满足，因此也是淫邪的。对极容易做到的自制与节操他也予以嘲笑。如同在其他环境中一样，他那种无中生有、似是而非的推断，依靠着左右逢源的言语而被巧妙地遮掩了。

人类的一些情感，除了那些表示不合宜的、使身心皆感到无比痛楚的称呼外，没有其他合宜的称呼。旁人在这一情感而非其他情感上认识到这些非理性的情感形式，倘若这些情感形式触动了旁人内在的情绪，倘若他们因此而感到怨恨和愤怒，他必定不由自主地关注它们，也必定给予它们恰当的称呼。假如这些情感形式与他内心的某一状态相一致，那么，他就会对它视而不见，不会给予它任何的称呼，或者虽给予称呼，但因身处被限制、被约束的环境中，因此，与其说这些称呼代表了它所以存在的因素，不如说这种情感形式被抑制或被服从。因此，与对喜悦之情或男女结合的称呼，表明了对这些事物抱以鄙夷或回避的态度。此外，自制与节操这两个名词可能在表达：这些情感方式与其是被允许而存在，不如说是受到约束而存在，鉴于此，当他能明确这些非理性情感还在一定程度上存在时，那些与自制和节操有关的美善的可信度就被他全盘否定，那些美德不过是对人类天性中那一部分良知的欺骗，但是，对于美德试图约束的那些非理性情感而言，那些美德并没有强迫他们处于无动于衷的状态。美德只是限制这些非理性激情的狂热性，使其保持在不伤害个人，既不扰乱也不冒犯社会的范围内。

将这些激情，无论程度及其对象如何，都全部视作淫邪的非合宜的情感形式；这是孟德维尔著作中最大的荒谬所在。他将所有情感都与虚荣心相等同，依循这种论断，他得出了自己最满意的结论，即个人的卑劣言行与公共利益相一致。假若对富丽堂皇的屋舍、优雅别致的艺术、舒畅美好的生活以及全部与身心有关的那类追求与爱好都被看成是奢靡、无度与淫荡，乃至对于无所约束的前文提及的那些人而言亦为如此，那么显然，这种奢靡、无度与淫荡等同于公共利益。这是因为，倘若没有这类品德——在他看来这样的名称完全恰当——优雅别致的艺术便不会受人喜欢，并因无人问津而逐渐如花凋零。在他所处时代之前流行的那类有关美善之德是人们全部劣行彻底消除后的学说，是这种无所顾忌的体系的根本源头。孟德维尔博士极为容易地加以论述：首先，人们未曾真正约束过非理性的情感形式；其次，假如人们真的做到了这一点，那么其行为对社会则构成危害，它将损害一切商业活动的利益，并因此损害与人类生活息息相关的所有行业。只就其中一点而言，他大概认识到真正的美善之德并不存在，他由此确信，被认为与美德相关的事物，不过是对我们自身的欺骗。在后者的论述中，他大概认识到个人的卑劣也就是公共利益，假如个人失去了这种卑劣，社会就不可能实现繁荣安定。

以上就是孟德维尔博士倡导的学说。曾几何时，这种学说在世界范围内引起广泛关注，在它出现前后，恶行并未显著提升，但是它的存在某种程度上促使卑劣的行径表现得更加肆无忌惮，并以前所未有的放肆程度公开地表现它的丑恶面目。

然而，这一学说无论多么具有破坏性，假如不与真实的理性情感达成共识，那么它对世人的欺骗就无法达成，也不会在崇信更具说服力的学说的人们当中引起令人反感的恐惧。某一论述自然哲学的学说，看似充满理由，在某一段较长时间内被人们所欢迎，但实际上并无牢靠的根基，与真理相差万里。一个极富智慧的民族就将笛卡儿思想在近百年的时间内视作有关宇宙变化最为经典高尚的论述。不过，有人已经做出被所有人信服的论证，那些影响绝无存在的可能，不仅的确不存在，而且在以后也不会出现，假如存在，也绝无可能产生与其结果相一致的因素，然而对于道德品质相关的学说而言却非如此。宣称要对人类的道德品质如何起源进行说明的学者，对我们不会做这样的欺瞒，也不会对永恒的真理加以背叛。当远行者归来并对异域的情况加以描述时，他可能会利用人们容易相信他人的弱点，将荒谬绝伦、极其虚构之事说成异常可靠的业已存在的事实，然而当某人对我们讲述有关邻居及我们所处之地发生的诸多事情时，倘若我们不对事情本身不加以留心和观察，我们就会遭受来自他语言上的欺瞒。但是，他最大的谎言同事情的真相之间存在关联，亦即谎言中有诸多的事实。

研究自然哲学的某个学者告诉我们要对遥远国度所发生的所有事情加以说明，他可以任意妄为地向我们述说那些事情，前提是这种述说保持在一定可接受的范围之内，那么他必定获取人们的信任。然而，当他准备就情感和欲望产生的缘由，以及人们何以赞同的缘由向我们进行说明时，他不仅要针对我们的居住地的事情充分论述，也要针对我们自身的事情充分论述。虽然在这期间我们会像那些受佣人嘲弄的懒惰主人一样受到欺瞒，但是对于跟事实有关联的那些论述我们不可能完全忽视。文章的写作必有其充分的论据，那些充满各类夸张修辞手法的文章同样如此，不然欺瞒就会被轻易识破。对心智愚钝无任何判断力可言的人们来说，一个学者，倘若将某类本性与纯然天性产生的原因相等同，而那类本性不仅同此种原因无关联，也与别的本性不相关联。那么显然，那个学者就是一个荒谬可笑之人。

第三章
探讨赞许原理的学说

引　言

在对有关美好品德的本质进行一番探讨之后，与道德相关联的学说的下一个研究问题同对本能的赞许相互联系。这是一种关于由道德品质而被我们乐于接受或产生厌恶的某种内心的力量。它使我们对某一行为表示由衷喜爱，而对另一种行为则持相反的态度；将某一行为视作正当，而对另一种行为则持相反的看法；将某一行为看成是应当加以赞誉并付之崇高敬意的对象，而对另一种行为则报以鄙夷乃至除之而后快的对象。

所谓对本能的赞许，有三类不尽相同的解释。根据某类人士的观点，我们不过是依照自我保护的原则，或依照他人对我们获得的幸福或是苦痛的某类情绪性倾向的认识来对自身或他人的行为加以赞许或反对。另一类人士则认为，人们辨别真理与谬论的能力，也即理性的智慧，使人们能够区分行为与情感是否恰当。其他人士则持这样的认识——这样的区分是非理性情感的表现，是作用于对因某种行为或情感的过分表露而激起的或赞同或否定的情绪。基于此，理性的智慧、自我的保护以及适当的情感皆被认为是对本能的赞许的根源。

就这三种不同的理论加以说明之前，我需要指出的是，对于第二个理论的讨论，虽然争辩固然重要，但其在实践中的作用更加重要。对美德本质的讨论，在诸多场合当中，必定对我们有关真理与谬论的判断有深刻的影响，而讨论对本能赞许这一问题则不存在这一现象。探究那些不同理论中的不同见解如何作用于其自身和他人，不过是哲人或其他智者好奇心使然的结果。

·第一节·
由自我保护与本能的赞许推论出来的那些体系

以自我爱护来对本能的赞许进行论述的那些智者，所用的解释方式各有不同，因此，在他们依循的那些学说当中势必有大量的错误和不规范存在。根据霍布斯先生及其为数众多的支持者的看法，人之所以习惯于社会的保护，并非因为他对周遭的人有发自肺腑的自然情感，而是在于倘若失去他人的帮助，他舒适快乐的生活将会成为不可能的现实。因此，社会的存在于他而言最为重要，同时，对促进社会安定和谐，提升人们幸福感的那类东西，在他看来都有助于自身利益的提升。与此相反的是，对社会安定造成阻碍并对人们的生活加以破坏的那类东西，在他看来同样会对自己的利益造成危害。美善与仁德是维系社会最大的保障，而卑劣与邪恶则是最大的破坏者。正因为这个原因，前者显然令人心生愉悦，后者却让人感到不快。于前者他看到了繁荣的环境，于后者他预想到自己赖以生存的合宜舒适的社会环境将招致怎样一种支离破碎。

当对促进社会建立和谐秩序的美好品德，以及对此造成破坏的不端的品性被我们冷静而又深刻地加以观察时，会对前者折射的美感由衷地赞美，而对后者则因它的丑恶而加以鄙夷。正如我之前论述的那样，这类判断是没有问题的。当人类存在的社会被我们以抽象的哲思加以特别地关注时，它就像一架充满奇特功能的大型机器呈现在我们面前，它的存在及富有天分的创造给予我们无数种心生喜悦的美好事物，因为在其他与人类活动息息相关的富于天分的大型机器中，对其的轻快运转有任何形式的一种促进，都将以这种结果为领取愉悦美感的源头。与此相反的是，任何有碍它顺畅运行的不良的事物，都因上述提及的原因而令人心生不快。基于此，对推动社会稳步前行的那种车轮似的东西来说，作为润滑剂的美善与仁爱，必然令人愉快，而如果毫无价值的废铁的丑恶罪行妨碍了这一车轮的顺利运转，以致干戈不断，必定使人反感丛生。

因此，与赞同和反对相关的解释及其说明，就其与人们对社会固有秩序的遵从引导出的赞同与否而言，与美善之德的效用原则有着密切的联系。关于这点，前述我已论及。正是在那段论述中，那一学说所具有的全部可能性完全显露出来。当那些文艺学者赋予平淡宽心而又充满个人情趣的生活以无限益处时，或比之孤独无味的生活更具亲近感时，当他们用笔墨将维系前者的存在描绘为美德与和顺的社会秩序所必需时，并充分地肯定倘若恶行遍地、荒谬横行，必当促使后者死灰复燃时，诸多读者便会欣然地沉醉于那些学者向他们灌输的看上去独特而又反复的论述中。人们在这种有关美善德行的论述中认识到了全新的美感，而在恶行中看到了全新的丑陋。人们全神贯注，并以前所未有的姿态注意到了学者们阐释的这一观点。人们对此抱持欣喜的姿态，故而很少将时间用于对未知环境的思考。它总是习惯于以此研究各类道德品质的异同，而不能成为赞同与否的依据。

在另一层面，当那些文艺学者从自我保护的角度推论出人们在社会福利中所享有的利益，以及人们因此而对美善的德行愈加认同与尊重时，他们并非是在指出，当人们在这一时代对加图的美德褒奖有加而对喀提林的邪恶嗤之以鼻时，我们所处的立场会因此在前者的确认中获取利益，在对后者的把握中免受它的伤害。按照那些哲人的观点，对美德的敬重及对违法行径的谴责，并非是由于过去时代的盛衰变迁对生活于此刻的我们的幸福与否产生影响。简单说来，那些文艺学者所探寻的并不能全然揭示的那种学说，是人们对从两种正相反的品质中得到利益或受到损害的那些人的感激或愤恨产生的间接同情。当他们说道：并非是我们自身已经获益或受到伤害才促使我们抱持赞同或愤怒的态度，而是因为，假如我们身处那样的社会环境，我们可能获取益处或受到伤害。他们所要指出的便是这种含糊其辞的情感。

但是，在任何可供讨论的意义上，同情都不是源于自利的本性。诚然，当我对你的悲苦与忧愤表示同情时，这种情感很可能被误认为源于我的自我保护，它的存在表明我对你的了解，所以设身处地地感受于你的不幸，并由此产生与你相同的情绪。然而，同情虽被视作与不幸的承受者有某种关联的心境变化，不过这种变化并不假设为只偶尔地发生于我们身上，确切地说，是发生在被我们施与同情的人身上。当我为你痛失爱子而致哀时，同情自然而发，我不必多加思虑。假设我也有一个儿子，而且我也痛失其生命，很显然，我必将遭受到什么。这亦为我所思虑——与你身处同样的情境、身份地位相应改变——因此，痛失爱子的悲伤并非来自我的自身，而是源于你的情感。因此同情并非自利，它并非因我的身份和地位建立起悲伤的情绪，甚至同我其他所有的消极情绪都不曾有过关联，而完全与你所遭受到的不幸相一致，这如何能视作自利的不理性的情感呢？对遭受分娩痛楚的妇女亦是如此，尽管一个男人不可能以妇女的身份来感受她的痛苦。但是，据我所知，由自我保护引导出的一切有关同情的情感，从未得到过充分的讨论，依我所见，这与人们对同情学说的某类混淆有关联。

·第二节·

理性情感与本能的赞许推论出的那些体系

如大众所知的那样，在霍布斯先生看来，自然环境与战争环境毫无区别。在建立起以市民阶层为主体的政府之前，于人们而言安定平和的社会丝毫不存在，正因如此，根据他的观点，对社会道德的保护显然与对政府权益的保护相一致，而推翻以市民为主建立起来的政府则意味着道德的堕落。然而这一市民政府是依靠对最高统治者的服从而存在，倘若统治者失去应有的权威，政府将不复存在。因此，由于自卫教人称赞任何有助于增进社会福利益的事物，而谴责任何可能有害于社会利益的事物；所以倘若他们能一如既往地就这一问题详加思考并做出有效表述，同样的情况就会赋予他这样一种本能——在任何情境下对统治者应服从，并对试图反抗的行为加以鄙夷。何种情境应予以赞许、何种情况应予以谴责的这一理性观念与服从与否的观念是相同的。就上述所论，统治者指定的法律应被视作区分正义和非正义、正确与谬误最为根本的原则。通过有效地对这一观点加以阐释，霍布斯先生试图表明，听从市民政府的指令出于人们的良心，而不是宗教力量使然。他所处的那个时代发生的诸多事件使他明白，狂热的宗教徒极具破坏性的骚动是造成社会混乱的直接原因。基于这样一种原因，他所秉持的学说使神学家们对他产生了强烈的敌意，他们用最尖刻的方式在他身上发泄着不满。与此同时，他的学说还与正统的对道德意涵做出解释的智者形成了对立。霍布斯先生认为，真理与谬论的界限并不分明，两者之间随时发生着改变，这取决于统治者的意志。正因这种学说如此描述，它必须承受来自各阶层、各智者乃至普通人或激烈或严肃的毫不留情的攻击。

在对这一学说加以批驳之前，首先要证明的是，在基于法律而构造起的社会制度之前，我们的思想便存于我们的大脑之内，据此指引在一些行为与情感中划分出值得赞许、毫无错误的高尚品质，而在另一些行为与情感中划分出必须予以严惩的恶劣品德。

公正的卡德沃思博士曾说，做出这样的划分并非是法律的职责，依据法律的假设，即要么服从它以保持自我的正确，反对它以暴露自身的错误，要么服从与否都无足轻重，显然不能成为解释那种划分的依据。正确的是服从，错误的是反对——这一论述也无法成为划分的依据，因为它将前提置于对正确和错误的看法之中，亦即对法律的遵从是与对正确的观念相一致，触犯法律是与对错误的观念相一致。

因此，由于比起法律，心灵更早地具备了对那些划分标准的认识，所以人们似乎也能由此推论出它属于理性情感范畴这一论断。理性使它对正确与否的区分更加明确，不过，这一论断虽在一些环境下是正确的，但遗憾的是，在另一些环境下则显得粗糙了许多，但倘若有关阐述人性的学说尚处在初创之时，那么这一论断则很容易被人接受。被人们忽略的是，在与霍布斯先生进行争论时，除了大脑，人们的其他器官都能产生对是非的判断，所以美善仁德与深重罪行的根本，不在于人们的言行与规范其情感的法律相一致或冲突，而在于同理性相一致或冲突是那个时代通行的学说。如此，理性也就自然被视作赞许或反对的最为原始的依据。

美善仁德与理性相一致——在某一情境下这一说法非常正确，并在多数的情感体验中被看成是赞许与反对的源泉，或被看成是对赞许和反对加以判断的重要依据。凭借理性情感的帮助，人们发现了对自身行为起约束力的那些正义涵盖下的基本原则，由此，人们也形成了对审慎、高尚，或是公平的含混不清的认识，即我们对于是非的看法总是随时进行着调整，并依据这一看法对我们自身的行为和言论加以指导并使之成为习惯。同其他警醒世人的格言一样，有关品德的格言也是来自人们日常的生活经验。在较易发生变化的环境中，我们能对何种东西使我们体验喜悦或苦痛了如指掌，并以此对持赞许或反对的经验进行归纳总结，为此人们建立了相应的准则，但是这一行为被人们认为是理性的作用，因此，他们发表了这样的见解：要以理性来推论那些格言和经验。但是，正是因循这样的认识我们才对道德的判断进行了调整，这种判断或许并不完美，甚至错误百出。假如人们依靠这一标准来对包括身体与情绪健康在内的所有东西加以判断，其结果必将是走向其反面，因此，当理性的判断和归纳成为产生正确与否观念的主要依据并成为一种原则时，就能很容易地说明美好的品德存在于与理性情感相一致中，在此基础上，我们可以将它理解为判断赞许与反对的根本原因。

然而，虽然美善与仁慈的根基在于情感的理性，也是形成我们自身道德观念的根基，但将判断正确与错误的观点归结为理性，在一些特殊的环境下甚至将其视作推导一般规范的原则，则显得颇为可笑。显而易见，同其他经验一样，这些观点抑或论断并不能成为理性的一致对象，而是个体感受的对象，正因有了这类变化，某类环境中的行为才始终给人以愉悦之感，相反，另一环境中的行为则让人反感，如此才能对有关美德的原则形成规范的认知。但是，理性不可能对在特殊环境下产生的因自身原因而产生的赞许或反对施加影响，在特殊的环境下，假如美善与仁德因自身原因使人感受喜悦，那么恶行势必让人心感愤怒，这就不是理性的作用而是感受的作用，使人们同喜悦相一致而区别于愤怒的感情。人们渴望喜悦而憎恨丑恶，这并非源自理性，而是以直接的内心感受来确认。因此，倘若美好的品德因为自己的原因而成为他人期待的对象，而丑恶则相反，那么，划分这些不同秉性的绝非理性，而是个人的体验。

但是，由于就某种意义而言，赞许和反对的根源是理性，所以在相当长的时间里，人们由于疏忽而普遍认为这些情感均源自个人体验的作用。哈奇森博士最大的功劳即是最先明确了哪些道德品质源于理性，哪些则以个人体验为依据。在他所做的对道德情感的无可辩驳的解释中人们看到了这一点。因而，假如有人还在这个问题上持续争论下去，我只能认为这些人并没有仔细考察哈奇森的有关著作，归结于他对某类论述的方式过于执着。对有这类缺点的学者，尤其是在这一问题上倾注过多精力、投入过多兴趣的学者来说，这种现象是极为常见的。有道德感的人士在讨论这一问题时，即便是简单的用语因其合宜的形式也不曾放弃。

·第三节·

由合宜情感与本能的赞许推论出的那些体系

那些对本能持赞许态度的学说依情感形式的不同可分为两种各异的

类型。

其一，根据一些人士的观点，特殊情境下的特殊情感以及心灵对某一特定行为或情感形式的特殊感受造就了人们对本能的赞许。其中，某类赞许方式对感受施加影响，另一类则以反对的方式进行影响。前者被认为是正确的、值得褒扬的与美好品德相连的积极品质，而后者则被认为是不恰当的、应受谴责的与败坏的道德相连的消极品质。这种情感影响方式与其他情感性质有本质区别，是个人体验下的特殊结果。人们将这种体验冠之以“道德情感”的名称。

其二，根据另一些人士的观点，要阐释关于对本能的赞许，并不需要依附于新的甚至是闻所未闻的能力。事实上，一如在任何一种情境下一样，宇宙众神在这里以准确无误的行为做指引，以此导出相应的结果，这些人士继而认为，以受人关注，并赋予内心力量为表现形式的同情感足以论证特殊体验在其中显示的不可替代的作用。

哈奇森博士以极大的努力试图充分说明对本能的赞许并非与自我保护相一致。对这一存在与理性无关联性也进行了论证。在他看来，对本能的赞许只能视作一种特殊的体验经历，宇宙万物的统御之神赋予了人们这种体验功能，以此显示其重要的作用。假如自我保护与理性情感都被排除在外，他想象不到还有什么体验能起到如此大的关键作用。

他将这一功能命名为道德情感，同时他认为这种情感和外在触及的感受有相似之处，犹如周遭的事物对我们的感受施之以某种影响一样，人们心灵千姿百态的情感形式，也同样对我们的感受施之以某种影响。根据这一学说，心灵赖以存在的全部价值所需的各种观念与体验可分为两种类型，一种为直接或先行的官能体验，一类为后天的或反射的官能体验。直接的官能体验是指心灵获得的对外在事物的最初感受，无须以相同事物的类比为先决条件，譬如，声响和色彩便是直接官能体验的对象，对声响的聆听或对色彩的注视并不需要先感受到其他对象的性质；后天的官能体验，显然与前者相反，它需以先对另一类相似的事物触发感觉为前提，譬如，和谐及富于美感的其他现象便是后天的官能体验的对象。某类声响是否在我们的接受之内，或是某类色彩是否符合大众的审美，必定预先对这类声响或色彩加以考察，于是道德情感自然就被视作后天的官能体验。哈奇森博士的观点是，从中获取与人的心灵相关的那种以简单认知为出发的情感，是直接的官能体验的代表。由此，我们再次对那些根植于不同情感中的美德与恶行的那种官能体验加以考察，发现其与后天的官能体验有相似之处。

这位先生试图通过自身努力论证他的学说与人类天性中的美德相一致，并且说明心灵层面的种种体验——直接的感官体验抑或后天的感官体验——其形式同道德情感相类似，尽管这位极具智慧的天才哲人倾注全部身心来论述对本能的赞许是源于某种特别的体验经历，亦即与从外部环境得到的感受相类似的东西。但他承认自己的学说存在一些自相矛盾的地方，一些人士因此而对其大加鞭挞。他也承认，假如将任何一种有关情感体验的对象放置于这些感觉之中，那将会显得十分荒唐。试想，有谁会将色彩只分为黑色或白色呢？有谁将声响只定义为高音或低音？又有谁将所有的味道只归纳为甜或苦？而且根据他的观点，这与将人们的道德品性简单地以善恶区分同样的荒诞。因此，假如一个人的性格荒诞到将残暴的行径看成是无比高尚的道德加以肯定，同时将社会的公平和基本道德原则视作最可鄙夷的对象加以否定，那么我们自然可将其视作对个人和社会双重不利的因素加以彻底地否定。它是令人不可思议、毫无理性的行为。不过，如果将此类行为称之为邪恶的事物或是道德上的败坏，则显得毫无理由。

但是，确如我们所想，倘若有人以崇敬佩服之心为某一暴君所做的极不恰当的事情拍手称快，我们就不会将其视作恰当合理而应受赞许的行为，尽管我们只是就其行为本身进行表述。依我之见，目睹这样一类人，有时我们会忘却对其应赋予同情之心。一旦想到他是如此可恶卑鄙的一个家伙时，对其卑劣的行径感到厌恶和憎恨之外我们全无其他感受。这一厌恶与憎恨的程度丝毫不亚于对暴君的痛恨。可能受了妒忌、愤怒或慌张等强烈情感的控制而做出非常之事，故而这样的暴君是可以原谅的，不过，那类人的情感倾向却显得毫无理由，因此遭人憎恨便也理所应当。人们最无法予以谅解的便是这类破裂、混乱的情感倾向。我们认为这不仅仅是一种简单的令人不解的破坏性倾向，也不仅仅是恶行或其他非道德行为的单一体现，而是品德堕落最为明显和令人担忧的结果，与此相反，正确恰当的品德倾向在某些情境下都表现出人们加以自然赞许的行为，假如有人给予的赞许与苛责在一切场合下都极为准确地包括了被评价者的全部优点和缺点，那么，他必然获得某种恰当的与情感品质相一致的赞许。他对道德品质的敏锐把握令人钦佩。我们的认知受到它的指引，而且，因为不同寻常的恰当性，我们的内心甚至燃起前所未有的惊奇之感。诚然，我们不能总是抱以这样美好的愿望——他们的言行在任何一种情境下与对他人言行的判断始终保持一致。美善仁德需要内在的习惯和决心，需要情感的合宜性。不过令人遗憾的是，后者尽管趋于完美，却并无前者那样受人推崇的高贵品质。但是，心灵的这种情感表达，有时虽略显粗糙，不过与那些粗暴的恶行却有着天然的区别，而且它也是促使道德品德这种高尚情操不断得到合宜与恰当的根本基础。一些人士内心纯良，想尽善尽美地完成好他们的职能所要完成的全部事情，然而却因为道德品性的低劣粗俗而令旁人反感。

这样说未尝不可——虽然对本能的赞许并非建立在心灵与外在情境保持一致性上，但它依然能与特殊情境下的情感形式保持舒畅，即这种情感属于道德的目的而不适合其他形式的目的。对于各种品德与行为的考察，我们发现，赞许与反对皆为内心产生的情感，而且怒气可以被称之为与伤害相一致的情感，抑或谢意可以被称之为与感恩相一致的情感，因此，赞许与反对也可以恰当地被我们表述为是非的判断，或称为品德的判断。

不过，这样理解虽不会遭到前述反对意见的指摘，但这种名称却可能受到同样不可反驳的意见的指摘。这首先在于，某一特定情绪无论发生何种变化。它仍能鲜明地表明自己区分于其他情绪的独特性。而且这种独特性总是比它在特定情境下的变化更为引人注目。这就好比，愤恨是特殊情绪的一种形式，而且它的一般特性比之在特殊情境下的特性表现得更为明显和突出。对男人动怒与跟女人动怒自然不同，也与对孩童动怒有区别，在这三种情况中，无论哪一形态，如同人们容易投注目光便能发现的那样，一般情形下的动怒会因对象的不同而发生不同变化，然而在所有的场合当中，这种非理性的情感形式仍旧处于从属地位。对这些特性的辨别无须做深入的观察，相反，发现它们之间的变化却必须投注十足的注意力。每个人都将视线投向前者，而对后者的关注远远不够，因此，假如赞许和反对与感谢和怒气相一致，都是与其他情感形式有着明显区分的特殊情绪，那么我们就会期待在这两者所经历的任何一次变化中，都能恰当地保留使之具备特殊情绪的一般性特征，换言之，也就是能使人一目了然地认清那些情绪的特征。然而事实上它远非如此。假若在各异的情境中，当我们表示赞许和反对时体验到自己的实际体验，就会明显发现，我们在某种情境下的情感形式与另一种情境下的情感性经常产生冲突的，而且不可能在这其中寻找共同点。譬如，对温婉和谐的情感形式加以观察并进而予以赞许时，这种情绪完全不同于我们出于为显得亲近、伟大、高尚的情感所打动而产生的赞许。在不同的情境下，对这两者的赞许，可能显示出完美和纯粹的两面，但是前者令我们变得平和，后者则使我们变得高贵，依照我始终在努力构建的那一种学说而言，这必当是无法改变的事实。因为我们予以赞许的情感形式，在那两种情境下显然是互不一致的，而且因为我们的赞同都来自对那些对立情绪的同情，以至于我们在某类情境下感应到的事物与我们在另一类情境下感应到的事物全然没有共通之处，但是，假设赞许存在于某一特殊情境之中，这种情境与我们深表赞许的那类情感形式并无交汇，那么，一如就其他情境下观察到的那类情感形式一样，产生于对那些情感的观察之中，那类形式就不可能出现。对于反对也可作如此说明。我们对残暴行为的恐惧与对卑劣行为的憎恨并无相同的地方。

另一方面，前述已提及，对我们源于天性的美善情感而言，人们赞成或反对的产生于心灵的各类情感形式不仅被表述为品德上的善恶，而且适当或冲突的赞许也被烙印上了相同形式的印记。因此，我不禁产生疑问，依据这一学说，我们是如何对适当或冲突的赞许加以认同或反对的呢？在我看来，唯有一个答案可能对此做出回应。当我们的邻居对介入婚姻的那个人的行为表示的赞许，同我们的态度相一致时，我们认同他的判断，并在某一情境将其视作符合道德标准的行为；相反，当它的姿态与我们的情感不一致时，我们对此持反对态度，并且在某一情境下将其视作对基本道德的反叛。正因为如此，我们必须承认，观察者与被观察对象之间情感方式的一致或冲突，构成了品德层面上的认同与反对。在此我还有疑问，假设在这一情景中它的形式如此，那么为何在其他情境下不做相同的表达？是何种目的使其要构建一种新的情感方式来论述那些东西呢？

有关对本能的赞许是建立在区别于其他情境下的某类特殊情境的基础之上的诸多论述，我将着重提出我的不同认识。此类情感方式，亦即使之成为理所当然地对道德品质进行指导的那些情感方式，至今因没有冠之以专有名词而招致他人的忽视，这让人颇觉奇怪。道德感这一名词是新近出现的，还远未到成为英语一部分的重要地位，赞许这一名词不过是近几年才被特指某类特定的事物。我们以恰当合理的专有名词来称呼令自己满意的事物，称呼一座美观的建筑物，称呼一个设计精美的器物，称呼一碗美味可口的肉食。良心这一名词与我们对某种道德行为表示赞许与否并无直接联系，的确，良心彰显着某种内在体验的存在，并以此表达我们对业已发生的行为及其倾向或一致或对立的立场。当憎恨、欢快、悲苦、感动或是爱护、亲和连同其他许多被当作这一本能主体的激情，已使它们自己的重要性达到足以得到各种名称来区分它们的程度时，在它们中间占主导地位的情感形式却不为人所知或知之甚少，除少数哲人，没有人会认为值得花费时间给它赋予专有名词。这不是颇为费解的事吗？那不是令人奇怪的吗？

当我们对某类言行投以赞许时，根据前述的学说，我们的内心体验与四个原因相连，这些原因在某些方面互不相同。其一，我们对行为者的出发点予以同情；其二，对因他的言行而获取益处的那些人内心的感恩之情予以理解；其三，对他的言行与同情之心相契合并以合宜的原则出现予以关注；其四，当我们视其言行能有效促进个体与社会的繁荣平和并成为道德感的重要部分时，它们就从中获取了与实际效果显示出的品德的美感，一种与过去认为的美善之德并无差别的美感。

无论任何一种特殊情况，在将对某一本能的赞许皆出自上述四种缘由这一认定排除之后，我们极力想明确的是，什么东西留存了下来？如果有谁对这一问题有同样的探寻，我会非常率直地认为那留存之物与某类道德感有关。或与它所具备的特殊的外在体验有关。有些人士可能会有这种看法，倘若这样的道德感抑或特殊体验真实存在的话，我们就应该能切身体会到它与其他体验的不同或是相似，如同我们经常能体验到欢愉之声、悲伤之情、希望之光一样，这些体验纯粹而不掺杂任何其他的情感形式。不过在我看来，这种情况是无法想象的。我从未听谁论述过有关这种情感的例子，这些例子必将有如下内容：赞许的本能可以视作自身竭力挣脱同情和厌恶的束缚、挣脱感激和愤恨的束缚、挣脱单一言行对特定情感形式的契合或相反的感受，抑或在其最后，挣脱因由无生命的与有生命的对象的不同而激发出的对美感和秩序的确切感知。

除此之外，还存有一种试图以同情感来论述人们道德情感起源的学说，它与我试图建立起的学说有所不同。那些学说将美善仁德归结于实际效用当中，借以明确旁人的同情受某一情境下的实际效果影响而对人们的幸福感予以论述，并以此审视实际效果中所存有的关于喜悦之情的原因。此类同情与我们据此明晰行为人的出发点的那种同情截然不同，同时也区别于据此对其行为的赞同而引导出的受到好处的人们的感激的那种同情。这也正是前述赞许的大型机器得以顺畅运行的某一特性与原则。然而，任何一部机器都难以成为我们提及的那类同情的对象，对此，早在本书第 4

卷，我已经对此作了详细说明。

·第四节·
不同学者以道德品性论述践行方式的原则

在本书第三卷中我曾经论述，正当性是唯一表达准确的有关道德的准则，而其他有关道德的定义则含糊其辞。前者与语法规则相类似，后者可与那些作家为求得良好的写作效果所定下的某些规范相类似，这类准则使得我们对应该努力达到的道德状态有大致的了解，而没有为如何达到这一目标提供哪怕一种有效的指导方法，因为任何一种品德标准的准确程度都可能存在很大差异，因此一些学者将他们尽可能地收在同一类当中而以两种不同方式来进行表达。一类人士一贯坚持以对全部美善仁德的思虑自然地对他们采用的那种不明确的方式加以引导，另一类人士只对其中某项有关道德品质的形式加以确认并竭力采用。前者与作家的写作方式颇为类似，后者与语言学家的工作方式相类似。就前者而言，我们可以将古时一切道德论者囊括在内，他们将对各类丑恶、淫邪和美德的描写视作自我满足的一部分。并且在恰当地指出其情感形式的缺憾与不幸的同时，也对它赋予明确的幸福感，但是对诸多无可辩驳的任何情境下的有关道德品质的准则的论述则持抗拒之态。他们仅以语言可能表述清楚的某种程度，试图对哪些方面存在与心灵相互对应的情感形式加以确认。并对哪种心灵的情感方式构成了人类生存赖以依托的诸如情意、公平、理性、崇高以及一切与美德有关的品质加以确认。其次，也同时对什么是对行动起指导意义的基本方法，以及是哪一类普遍意义上的行为模式引导我们认知一个友善的人、一个慷慨的人、一个正义的人加以确认。为了表达所有特殊美德据此树立心灵的情感方式的显著特征，虽然一只无与伦比的笔不可或缺，但是，这显然是一件可以确定顺利完成的差事。没错，依据所有环境可能发生的变动来对一切应当经历的动荡进行表述是不能实现的，有限的语言对姿态万千的它们无能为力。比如，对老年人的友好姿态与对年轻人的友好姿态必然不同；对庄重的人的友好姿态与对温柔优雅的人的友好姿态必然不同，也与对开朗和兴奋的人的友好姿态不同，与男人的友情和与女人的友情，即使与任何情欲上的不当情感无关也是如此。又有哪个学者能够将这种经历诸多变化的情感形式加以分辨论述呢？然而，通常持有的友好姿态以及平常的那种相互依存的关系依旧能清楚地加以确定。虽然在诸多情境下对这类情感形式的描绘并不完整，但是当我们与之相对，它的相似之处可能便会相继涌现，继而让我们得知它的源头，并由此将跟善心、关怀、敬重等类似的其他情感形式区分开来。

用普遍的形式来论述究竟是何种美善之德促进了我们采取某一行为，比之其他方式更为容易。假如没有从事过这类工作，而要将各种情境下的美善之德所据以树立的内在情感或情绪加以详细描述是绝无可能的。倘若我能够做这样的表述——因它们在内心当中呈现出的自由形态，仅以语言对不同环境下的不同情感形式的诸多变化进行表达，是不可能实现的。倘若全无因它们而引起的表象，全无因它们而引起的言行的变化，全无因它们而引起的决断，那么显然，除了对因它们而起的结果的描述，全无其他办法就它们的分界加以区别。因此，在西塞罗所著的《论责任》中，他极力将我们的关注力投射于对四项美善之德的践行当中。在《伦理学》这本亚里士多德的著作中，他赋予我们依自己的行为调整各类如崇高、宽容甚至善意的嘲笑等在那个著名的哲人看来归属于美德的所有的良好品质，虽然我们给予的光荣的称号与那些品质应得的尊敬的名称并无相称之处。

上述提及的著作为我们提供了某类与图画般生动恰当的论述，通过这一描述，引申出了我们对美好品德的最本真的热爱，并由此对丑恶愈加深恶痛绝。通过它们智慧而公正的论述，促使我们纠正和明确我们对于行为合宜性的自然情感，并以它们提供的周详的思虑，使我们做出比缺少这种指导时更为确切与恰当的行为。在对道德及其原则性的讨论中，这种方式构成了在人们看来与某类科学相一致的被称之为“伦理学”的学问体系，尽管它确如人们所指责的那样缺乏高度和远瞻性，但仍旧是一种极具价值与实际效用的使人心生喜悦之情的科学。尤为重要的是，伦理学很容易用争论来装饰，倘若这一说法成立，它便可施之于细致烦琐的责任基准以非凡的关键地位。经过它的装饰，就能对极具再创造性的年轻人产生持久而深远的影响，正因为这些帮助与青年激扬、高尚的情感形式相一致——至少有助于短暂的强烈的决心的激发——从而为他们今后确立和巩固有益的价值与崇高的信仰建立规范，任何一种规劝与指引都是基于这种科学而完成的，或者说借以这种方式来进行恰当表达的。另一类道德论者，我们可以将中期和晚期的基督教教会的辩论家囊括在内，亦可将这一世纪和前一世纪对自然法则进行过探讨的那些学者包括在内，他们显然不满足以普通的方式来对介绍给我们的那类道德行为的特征加以论述，他们力图为我们指出各类道德行为关切的方向与精确的原则，因为正义是人们适合地恰当地为其制定精确准则的唯一可行的美德，上述两种学者所提及的正是对这一问题的考虑。但是，他们是以各自遵循的学说原则对此加以讨论的。

那些撰写过法律及其有关原则的人，仅对权利的担当者应行使怎样的暴力强求什么权力详加考虑。每个具有正当性的旁人都会对他的强求什么表示赞同，或者为他的提请公断而同意为他伸张正义的法官或仲裁的人。应该强使另一方承受或履行什么。此外，那些辩论家投注更多思考力的不是使用暴力的权力可以强求到什么，而是义务的承担者应该履行怎样的义务，那些义务的承担者之所以认为自己必定按照规定履行义务，不仅是出于对神圣庄严的正义原则的强烈遵守与敬重，同时也是出于内心深处为可能给邻人或自己带来可怕的不负责任的后果感到恐惧。给审判者及仲裁者设定做出判断的基本准则正是法律的最大目的，与此相同，给善良之人设定言行的基本准则正是辩论这门学问的目的。对所有法律的遵守——假设那些法律果真如想象中一样完美——其结果必定是对外界威胁与惩罚的避免，通过遵守辩论这门学问规定的那些准则——假设它们应当如此规定——我们可能因为自身行为的正确性而获得他人的充分肯定与赞扬。

这样的情景或许时常发生：一个善良之人，严肃认真地遵循正当性的基本原则，会强烈感受到有义务去从事许多原本极不愿意做的，甚或是那些审判者与仲裁者强迫他做的事情。或许这个例子更为合适——一个无恶不作的抢匪，以对一个旅行者生命的威胁迫使他允诺额外支出一笔钱财。这样一种在暴力权力驱使下所做的行为，是否应被视作必须承担的事情，历来有诸多的争议。

倘若我们将其视作法律的问题，所得论断就可能是不容置疑的。将那个抢匪迫使路人服从认为是正当的暴力无疑是荒谬的，迫使他人做出极不情愿的事情是该被严厉惩处的恶劣行径，强迫别人履行诺言是罪加一等的恶行。抢匪并不能抱怨受到了什么损害，由此认为审判者应当强行让路人交纳钱财，或者认为强盗的行为应在法律上得到承认，这无疑是最为荒谬和不可理喻的事情。因此，假如我们将这一问题视作与法律相一致的问题，我们就能很容易地做出确切的判断。

然而，假如我们将其视作辩论这门学科涉及的问题，就无法尽快做出评价。一个善良之人，真诚善意地遵照正义准则的指引——这种准则要求遵守一切严肃、郑重的诺言，是否不会想到自己有义务履行诺言，这是令人起疑的。值得肯定的是，对让他陷入这般处境下的那个丧失德行的抢匪的失落情绪不应得到我们应有的尊重。不履行诺言并不会给那个强盗造成任何损害，从而用暴力不能勒索到任何东西。然而，在此情况中是否不应尊重抢匪的品质中那些不可侵犯的最具尊严的部分，关于这一问题，在有关辩论的学问当中存有多种不同的意见。在某一包括西塞罗在内的意见当中，也包括文艺学者普芬道夫和巴比莱克，以及哈奇森博士——这一不同意见秉持这样的观点：对路人的诺言不应予以恰当的尊重，并且认为倘若不这样认为就是十足的软弱和迷信。在包括某些教会的神父们以及某些著名的现代辩论学家计在内的另一种意见则认为，路人的诺言必须得到履行。

假如我们以人类普遍认同的情感方式对此问题加以考察，会发现人们对路人的不幸遭遇都持同情之态，然而同时，我们也会发现，无法依据任何一种情境下的道德准则来对这一确定的立场加以适当应用。对于轻而易举确立这一诺言和随便违背诺言的人我们应予排斥，心甘情愿允诺抢匪五镑钱而没有履行这一承诺的人，会招致他人某种形式的责难。但是，假如承诺的金额非常大，就可怀疑什么样的行为才是适当的。比如，如果甘愿支付给抢匪钱财而招致杀身灭族之祸，如果这笔钱财足以使利他的行为发生，那么，因受局部利益影响而将钱财交纳于抢匪之手，就某一程度而言显然是一种犯罪，至少是与合宜性相悖的。假若那人为了诺言而交纳钱财致使自己沦落为乞讨者，或大方地给予抢匪超过他期望的钱财，就人类所能接受的基本规范而言，那个人的行为显然是荒谬的。这种行为显然与他应担当的责任相互对立。鉴于此，假如对被迫的行为投注以认可的姿态，会招致他人的反对。但是根据那类确切的道德原则，来明确应给予这种行为怎样恰当的态度，或应采取怎样的行动才与正当性相符，显然困难重重。这要视那个人的品德所呈现的具体情况变化而变化。假如人们以较为宽容甚至慷慨的姿态看待这一行为、来看待做出这个承诺的人，它就比之其他情况下更具正当性。我们可以这样认为，正当的合宜性需要与一切正当的言行相一致，只要与其他应得的尊重的神圣的责任不相冲突，比如对大众利益的承担，对那些我们应予帮助或照看或赡养的人应负有的责任。然而正如前面所述，我们缺乏任何情境下都适用的道德标准来对外在的言行出于何种目的加以确定并施之以尊重，因此也就无法确定美善之德与言行一致间是否存有冲突。

不过我们可以做如此的论述，不论何时，即便是为了最确定的立场而与这类言行决裂，对做出这种行为的人来说，这无疑也是不恰当的不光彩行为。我们认为，在做出这类诺言之后，遵守它们是不合宜的，当这一行为产生时，其存在错误至少是对容忍和荣誉这种最高尚情感形式的违背。坚毅之人应该誓死不去做有悖道德品质的可耻的恶行，那类行为总是与某一程度的可耻相伴。背叛和欺瞒都是程度最深的可怕罪行，同时，也是容易让人沉湎其中的罪行，因此对于它们，我们应时刻处于戒备状态。鉴于此，在各类变化的环境和处境中，我们内心产生的念头就明显带有与道德原则保持一致的观念，在这一意义上，它们与破坏女性的节操相类似。女性的节操在我们看来是与有关道德品质相同的形式而被我们关注的美善之德，而且我们对前者的情感与对后者相差无几。毋庸置疑，背叛将显而易见地受到人们的鄙视，任何情境下的任何方式都不能使其避免惩处，任何悔过与痛苦也无法令人原谅。就这一方面而言，我们持谨慎的态度。因而，在我们的想象中，一次强奸会令我们倍感羞辱，即便内心纯净也无法抹去肉身蒙受的巨大伤害。如果人们曾经严肃正经地立下誓言，乃至对于人类当中那些最平庸的人来说，也与对诺言的违背相一致。忠贞诚恳则是急需立刻与之亲近的美善之德，我们甚至认为是那些无权所得的人唯一需要具备的品德，也是那些对这类人毫无怜悯之心的人所应具备的。为了某类原因而舍弃忠贞诚恳的品质是不恰当的，因某类诺言而舍弃本应获取尊重的责任道义也是不合宜的。这些情况能够减轻却不能全然消除给予你的耻辱。就人们的想象而言，他看来已经犯下了某种罪行，它同某一程度的耻辱不可分割地联系着。显然，他已经违背了曾经所立下的对道德原则遵守的誓言，而且即便他的品格没有因此而蜕变败坏，那么至少有一种附加于他的品格上的戏弄嘲笑是很难被抹去的。依我看来，没有一个经历过这些事情的人会愿意讲述这类经历。

通过这些论述，我们足以认清，当辩论的学问与法律的执行者都在以正当性研究责任义务时，两者之间的差异存在于何处。虽然这些差异是显而易见和真实可靠的，但是它们的相似之处也因主体相同而显现，因此对法律研读的那部分学者，有时所依的是法律的准则，有时却以辩论的学问为根本，在毫无意识下对不同问题做出了类似的观察及判断。但是，有关辩论的学问并不是简单与对普遍意义上的道德品质的尊重相联系，它还包括了宗教的和道德的其他方面的表现形式如责任感。人们之所以倾注全力对此加以研究，是由于在遥远的蒙昧时代因沉迷于罗马天主教而对自我忏悔习惯的皈依。由于对这种习惯的皈依，人们会将秘密的事情，甚至会将那些可能对宗教的纯洁性造成损害的人的所思所想告之于神父。那个神父会提示他是否该对自己的行为承担责任，并告之他在何种情况下该得到怎样的惩罚。

犯了错误的意识，或是无限的猜忌，都属于人们内心的负担，都是那些并没有长期从事不正当行为进而养成冷酷习惯的人所具备的忧虑和恐慌。在这种忧虑和恐慌中，如同在其他愁苦中获取的一样，人们都极为自然地向那些性格坚韧、守口如瓶的人透露内心不为人知的苦痛，以此消除思想上的巨大压力。他们因这种透露而招致的羞辱会因自信而赢得同情，因此，人们发现自己并非完全不值得他人敬重，过去那些行为虽然会遭受，但是此刻的行为至少会得到赞许，这些都令他内在的苦痛得以减弱。在那些受宗教影响的时代当中，那些众多性情狡黠的神父获取了几乎所有家庭的信任，他们掌握着那个年代几乎所有能掌握的知识，虽然这些知识在很多方面拙劣不堪甚至毫无章法，但是与那个时代比较而言，已是非常具有系统。正因为这个原因，那些神父不仅被视作宗教徒最为依赖的引领者，同时也被视作道德品质的规范者。倘若有人能有幸与他们接近，便会自然博取良好的名声，相反，倘若有人不幸被他们非难，必定遭受巨大的羞辱。由于那些神父被认为是正确与否的唯一裁断者，人们所存的全部疑难不解自然都会向他们求告。对几乎所有的人而言，他们赢得的他人的尊重源自对准确无比的神明的遵从与获悉他全部的秘密，并在这一行动中所做的每一件事情都来自对方的赞许与劝诫。因此，对那些神父而言，将这一行为确定为基本的原则是受名流欢迎的事情，即便没有确定这一原则，他们依旧能赢得人们的信任。从这刻起，他们也被引导去收集与善良、美好及险境等情况的实例，这些实例很难与行为的恰当道德性发生关联。在他们看来，那些论述对于善良的引导者或被引导者或许有用，有关辩论学问的书籍由此陆续出现。

辩论学问所透射的与美善之德相联系的责任，即在某种程度上被基本准则约束的那些责任，伴随着人们的悔过与接受惩处而成为某种良好的品质。他们阐述这些基本理论的目的，是消除因与这些责任相违背而凸显的紧张与不安。但是，对某一特定美善的缺失并不会遭受严重的内心折磨，没有谁会因嫉妒、冷漠、小气或原本可以实行而未实行的行为去请求神父的原谅。正因有这样的缺憾，被违背的道德原则很难确定下来，同时它也显露这样的特性：虽然对道德原则的遵守能够获取赞许和回报，然而对它的违反似乎也不至受到严厉的惩处与折磨。那些有关辩论的学问将其视作无足轻重的事情，因此，在他们看来，就此而展开探讨是没有必要的。

正因如此，受到神父的约束，并以此被纳入辩论学问所囊括的观察范围内的对道德原则的违背，主要以这三种形式为体现。

其一，首先是对正当性的违背，在这当中，各种情境下的道德原则是全部明确而显然的。违背它必定伴有招致神父或其他人的惩罚因而内心感受恐慌的意识。

其二，是与基本论辩学问不一致，在所有明白无误的例子中，都存在着对正当性原则的违背，当人们不对他人予以残忍的伤害，就不可能出现这样的情况。在较小的事例中，当这类行为仅仅只是与违反男女来往的那些基本礼仪相类似时，很显然并不能将其视作对道德原则的践踏。但是，他们至少是对某一相当明确的道德原则进行了违背，导致他人遭受程度不同的伤害。

其三，是对挚诚原则的违背。它是违背正当性的另一体现，但亦存有各异之处——违背事实，却不总是违背正当性——因而很难受到来自外部的惩处。一般情况下存在的丑恶行径，即使是罪恶滔天的行为，也往往可能没有造成对他人的伤害。在这样的情况下，受骗之人抑或其他人不应有赔偿方面的过多要求，但是，即便对实际情况的违背与正当性的违背存在区别，但是对某一确定的道德原则的违背却为不可更改的事实。

在幼童中，似乎存在着对他人的言语全盘信任的本能倾向。为了呵护他们成长，统御宇宙的众神认为应该相信对于他们的童年以及那些对他们的童年富有教育职责的那些人予以关怀。因此，他们过度坚信，倘若要让那些人在某一合宜的程度上产生怀疑，必将让他们体验人类生活中那些诸多的恶行与虚妄。毋庸置疑，在成年人当中，容易相信他人的程度各有不同。最不易轻信他人的多为聪明和富有经历的人士。但是，完全相信别人抑或在各类情境下都不轻信流言的人并不存在。有种观点指出，生性怀疑是为了便于获取聪慧。

倘若我们在一些事情上轻易相信他人，那么，博取我们信任的那人必定是我们的生活的引导者，我们也一定以恰当的方式对其表达我们的尊重。但是，与因为佩服他人从而希望得到他人的佩服一样，由于我们的生活受到对方的引导，我们才意识到要让自己也成为那样的引导者，而且，就像我们不能总是沉湎在受他人的敬佩当中——除非我们坚信自己是真正值得敬佩的，我们不能总是沉湎在受他人的信任当中——除非我们坚信自己是真正地值得信任的。这也和被人赞许的愿望和应当赞许的愿望虽然极为类似，但其本质仍旧不同。被人信任的愿望和应当信任的欲望，虽然也极为类似，但就其本质而言也大相径庭。

被人信任的愿望，值得信任的愿望，抑或指引他人的愿望，大概是我们纯然天性中最强烈的一部分愿望。人们的言行或许正是据此而发挥某种本能，其他动物不具有这种本能，在那些动物身上我们也发现不了在同类中起到引导作用的那类愿望。引导者对于赢得真正优势地位的强烈愿望是人类所特有的品质，而语言是实现这一本能的重要手段，是赢得真正优势地位的重要手段、是引导他人判断和行为的重要手段。

令人感到羞辱的是难以获得他人的信任，当我们认为这是由于在他人看来我们不值得被信任，并可能随时哄骗他人时更是这样。被当众揭露某人正在撒谎，是最不可原谅的出丑行为。但是假如他随时在哄骗他人，那么他就必然考虑到自己应受这样的惩罚，必然考虑到自己不应取得他人的信任，同时也考虑到自己失去被赋予信任感的权利。这种权利能使他在同与自己地位相当的人的交往中获取各种情境下的安全和满足，而那个不幸意识到没人相信他无数谎言中的某一真话的人，会由衷感到自己无处依托的悲凉，因此而对这样的状态心生恐惧，或在这之前将自己的谎言暴露。同时在我看来，那个人几乎不可避免地会因羞愧与绝望而死去。但是大概从未有人有正当理由接受造成自己如此困境的看法，我更愿意相信，那个品性不端的撒谎者，为了不断地哄骗他人，至少说了部分真话，而且就像是在持审慎姿态的人当中，对于信任感的坚定不移使得一切疑惑不复存在一样，在多数情境下，在那些对业已发生的事实毫无尊重感可言的人当中，说真话的天然姿态将使使得对人欺骗的习惯发生改变。

即便是在我们偶然地对他人实施欺骗时，我们也会感到羞辱，并因对他人欺骗这一行为而感到无地自容。虽然这一对基本道德原则的违背并不表示我们不诚实，但是在某种程度上它总是表现为对美德的缺乏判断，并表现出狂躁和不安的情绪，我们用以劝说引导他人的威信因它而丧失，也使得我们作为他人引导者的资格受到挑战。不过，因思想错误导致行为错误的人，与存在欺骗他人的人有着极大的差别。前者在诸多情况下必定受人信任，后者则在所有情况下都会遭受鄙夷。

赢得信任依靠的是诚恳与率直。我们对信任我们的人投以相同的感情。我们能清楚地认识到，他准备带领我们去向何处，也甘愿听从他的指引。与此相反，保留和欺瞒必当招致不和，我们担心对方会带领我们走向绝境。情感形式与思想情趣的相互一致是交往与交谈的最大乐趣，这正如众多乐器合奏出的和谐乐章一样。但是除非情感形式和思想情趣能自由交流，否则这种受人欢迎的和谐是不会来到我们身边的。正因如此，我们迫切地想明确两者之间是如何相互影响的，想透对方的心灵，想对存于其中的真正的情感形式与思想情趣加以探察。那个使我们沉湎于这类天生情感的人，那个使我们内心萌发好奇感的人，那个看似向我们敞开心扉的人，似乎始终在发挥一种比之任何情境下的情感更使人心生快乐的殷勤之情。那个生性善良的人，假如能有气魄向我们表达最为真实的思想情感，必将使他人给予赞许，正因这种绝无保留的诚挚之心，让原本毫无章法的言语也突然变得令人喜悦。率直的观点不论多么肤浅和有缺陷，我们都愿意表示最起码的理解，且会极力将自己的理解能力与他的智慧保持一致，同时以他们特有的考察问题的眼光来看待同类问题。正因想窥探他人内心想法的情绪如此强烈，以至于成了使人生厌和遭人非议的不恰当非合宜的情感形式。在很多情况下，这无疑需要审慎的态度加以约束，以此将其降低到任何秉持正当性的旁人都能认可的程度。但是，假如这种窥探心保持在合宜的范围内，不去涉及有合适理由得以隐瞒的那些事情，不满足他人的窥探心则同样会招致他人的不满。那个对我们简单地提问加以回避的人、那个对我们最为平常的询问心生不快的人、那个将自己的内心掩蔽在深不可测的境地的人，在他的心灵中无疑早已筑起了高墙。当我们用满怀善意的窥探心去叩开对方的心扉时，却立刻被其僵硬而粗暴地推挡了回来。

那个有所保留和隐瞒的人，虽然不具备全部的亲和品质，但是人们不因此而鄙夷他。他对我们显现冷淡，我们也同样对他冷淡。人们很少对其报以赞许和爱护，但同时也很少被他人怨恨和谴责。无论出于何种原因，他都没有充足的理由对自己的谨慎产生悔恨。因此，尽管从行为而言有所不当，有时可能是有害的，但是他几乎不会为此多加论述，甚或不会去请求辩论家们的宽恕并得到人们一致的谅解。

对因为荒谬的思想、鲁莽蠢动的言行而对他人偶尔造成伤害的那类人而言，实际情况又有所不同。譬如，告诉对方一个普通的消息，这一行为显然不会造成什么严重的结果，但是倘若对方是个对真理孜孜追求的人，就会对自己的疏忽大意感到愧疚，因此应当抓住机会予以承认错误。假如这类行为造成某种结果，他的愧疚就会愈加强烈，而且假如由于他提供的消息的不正确性导致致命伤害的发生，那么，他显然无法对自己的行为加以宽恕。虽然他本人不曾触犯法律，但他还是深感自己成了古代哲人所说的那种有罪之人。与此同时，他会竭尽所能弥补自己的过失。这样的人往往会在辩论家面前陈述情况，人们对他是持有关爱之情的，虽然有时会应性情的急躁不恰当地对其予以指责，但是一般不会给予他更为沉重的羞辱。

然而，经常求教于辩论家的人，是无法确认自我态度而内心悔恨的人，是真正对他人采取欺骗手段的人，但是在他看来，自己是道明事情真相的人。人们以各种方式对待这类人，当人们对其欺骗行为采取赞许的立场时会为他的罪行开脱，但公地说，也会恰当地予以谴责。

因此，那些善于辩论的学者论述的目的在于对正当性原则真切实在地持以敬重，对邻人亲友的生命和财产该予以怎样的尊重，或什么使他们欲求过多，以及该如何切实履行各类契约和诺言。

就一般而言，那些学者的论述试图以确实的道德原则来对只能以思想情感判断的东西加以引导。在各种情境之中，又如何能以那些原则来对处于微妙变化的哪怕是毫无意义的对善良的顾虑加以确定呢？从什么时候开始恰当的保留变成了有意的遮掩？令人感到开心的对无知的假装能够进行到怎样的地步？在哪一方面它又变成了招人厌恶的瞒骗？行动上的自由发展到什么样的程度仍能被视为恰当呢？什么时候变成了淫邪轻率的放荡的行为？探讨这些问题，在某一情境下可用的东西在其他情境下几乎不适用，并且在那些情境下能赋予行为以恰当合宜的事物都会因情境的不同而随时发生微妙的改变。因此，那些学者同他们本身令人厌恶一样毫无任何用处。在他们的论述中，虽然囊括了大量的实例加以说明他们的准确性，但是，由于情况迅速的变化，若想从这些实例中找到与自己相一致的事情，那几乎是不可能的。一个对自己的职责强烈追求的人，假如认为自己有诸多方面需要向他们请教，那么他必定是个性情柔弱的人，而对一个并不在意这一点的人来说，那些论述当中的事情对他毫无吸引力，没有任何一处能激发人们内心的高尚和信任，没有任何一处能让人们产生仁爱慈善的感情。相反，那些论述能使我们学会欺瞒良心，并以它们认为适当的区分方式来为自己责任道义的丧失寻求推脱的理由。这种缺乏信念、毫无意义的精神状态，必然会导致他人走向与道德原则相反的境地，同时也愈加增强论述本身的无趣与枯燥，与有关道德品质的论述应激起的那类情感方式有着截然不同的特性。

因此，伦理学与法律是有关道德原则的两个基本部分。单纯辩论的学问应当被全部否定，遥远时代的那些道德论者也已做过恰当的评述。在研究相类似的问题时，对任何一种微妙的变化并不持赞许的态度，而将重点投注在以某类方法描绘何为正义、克制和诚实得以产生的情感，以及是怎样的美善之德引导我们做出怎样的行为反应。

的确，有些哲人似乎对与辩论的学问相似的事物进行过考察，在西塞罗的著作中就论述过这种事情。同那些善于辩论的人一样，在那些著作中，他极力以精巧的文字试图为我们提供言行一致的原则。以那些论述来确认什么是情感的合宜之处是很难做到的。在他的论述中，我们获悉同时代的其他哲人也曾试图对同一问题进行考察，不过，他们都没有太多奢求能为我们提供一套独立完善而明确的见解，不过是想阐述在各种形式的情境下，言行的合宜性是否与对原则的遵守或违背相互影响。

每条成文的法律都可视作对建立完善的法律体系及其各类有关正当性条文的尝试，当对正当性原则的违背与人们彼此厌恶的那类事情相一致时，统治者就会动用国家权力对美善之德进行强行的实践。倘若没有采取这类行为，社会必将充满血腥的杀戮。不管谁，一旦认为自己受到损害，都会以各种方式为自己讨回公道。为了避免因人们追求正义而造成对社会更大的破坏，在一切行使权力的政府中，统治者应当成为所有人寻求正当性的引导者，并对有关损害的事例进行着重的关注。在所有有良好社会环境的国家当中，不仅赋予审判者解决个人争端的权力，并且对审判者的判决所采取的行为加以规范，并努力使这种规范与人类所持有的必然的正当性相一致。当然，它们并不是在所有情况下都与必然的正当性相一致，有时国家出于自身利益或因那些权力阶层的影响，使得每一项成文的法律都可能偏离正当性原则所引导的方向。在一些国家当中，人们的粗暴野蛮会妨碍纯然的正当性因循它的本应在文明国家当中自然显现的那种确切的高度。那些国家的法律如同当地人的生活状态一样，粗俗而具有破坏性。在另一些国家当中，人们逐渐改善的生活可能会使他们的法律达到某一精确的高度，然而不合宜的审判制度依旧会对一些正当的法律及其体系造成妨碍甚或破坏。无论哪个国家，依据成文法律做出的审判，都不可能完全与人类天性中的正当性原则相一致，正因如此，成文的法律可视作对不同时代与不同国家各类情感方式的有效记载——因而具有明显的不可忽略的巨大影响力——但也无法与人类天性中的正当性原则相提并论。

或许有人会这样认为，法律人士就不同国家法律的利弊所做的阐述，会对人们加强对正当性原则的讨论起到推波助澜的作用。他们还会认为，这些阐述会促使他们极为努力地去建立一个与正当性相适宜的法律体系。但是，虽然因法律人士对这些问题的阐述而产生了某类确切的东西，虽然无论是谁在对某一国家的法律加以论述时都会对天然的正当性原则加以强调，但是一直到较晚的时代人们才建立了与正当性原则相一致的法律体系，才将这一体系进行单独的归纳与讨论，而对任何一个国家的具体法律毫无涉及。西塞罗的《论责任》抑或亚里士多德的《伦理学》，都对正当性原则的讨论与其他美善之德的讨论相一致。在他们的学说中，人们十分期待他们论述每一国家的法律应体现出的那些善良品质如公平与正义，但遗憾的是，我们并没有发现这一论述。他们试图阐述的法律是统治者的法律，而不是与正当性原则相一致的法律，第一个为人们提供这一论述的似乎是格劳秀斯，这类论述应在所有国家的法律中得以体现，并成为制定法律的唯一基础。他那有所缺陷的讨论战争与和平法则的文章，可能是对这一问题最详尽的阐述。我将在另一论述中，详尽地阐释与正当性有关的国家收入、国防军备及其他涉及此内容的各类问题，努力说明法律与国家之间的基本关系，及在不同时代与不同社会时期所经历的各种剧烈或微妙的变化。因此，这里就不再对法律及相关问题进行详细地阐述了。